U0352434

高等学校实验实训规划教材

# 大学化学实验

牛　盾　王育红　王锦霞　主编

北　京
冶金工业出版社
2023

# 内 容 简 介

　　本教材主要内容包括实验室常识、基本操作、常用仪器使用方法和实验四个部分。其中，实验部分主要介绍基本操作实验、研究性实验、设计性实验和综合性实验等内容。单个实验学时数分别为 2 学时、3 学时、4 学时和 8 学时。使用者可根据学校或专业的实际情况选择合适的实验。

　　本教材适用于高等学校非化学、化工类专业的普通化学实验教学。

## 图书在版编目（CIP）数据

　　大学化学实验 / 牛盾，王育红，王锦霞主编 . —北京：冶金工业出版社，2007. 10（2023. 8 重印）

　　高等学校实验实训规划教材

　　ISBN 978-7-5024-4396-2

　　Ⅰ. 大…　Ⅱ. ①牛…　②王…　③王…　Ⅲ. 化学实验—高等学校—教材　Ⅳ. 06-3

　　中国版本图书馆 CIP 数据核字（2007）第 154513 号

**大学化学实验**

| | | | |
|---|---|---|---|
| 出版发行 | 冶金工业出版社 | 电　　话 | （010）64027926 |
| 地　　址 | 北京市东城区嵩祝院北巷 39 号 | 邮　　编 | 100009 |
| 网　　址 | www.mip1953.com | 电子信箱 | service@mip1953.com |

责任编辑　高　娜　谢冠伦　王之光　美术编辑　彭子赫
版式设计　张　青　责任校对　符燕蓉　责任印制　窦　唯
三河市双峰印刷装订有限公司印刷
2007 年 10 月第 1 版，2023 年 8 月第 8 次印刷
880mm×1230mm　1/32；5.125 印张；149 千字；153 页
定价 **12. 00** 元

投稿电话　（010）64027932　投稿信箱　tougao@cnmip.com.cn
营销中心电话　（010）64044283
冶金工业出版社天猫旗舰店　yjgycbs.tmall.com
（本书如有印装质量问题，本社营销中心负责退换）

# 前　言

　　大学化学实验是本科化学基础教育的重要组成部分,是实施全面化学教育的主要环节,它是以实验为手段来研究大学化学中的重要理论、典型元素及其化合物的变化,研究物质的组成和含量。通过实验,让学生在获得知识、掌握技术的同时,学会科学的思维和方法,培养学生自学能力和解决问题的能力。

　　在新的形势下,化学实验的教学要适应 21 世纪对人才的培养方法和素质的要求。本教材结合我校多年大学化学实验的教学实践,以我校大学化学实验讲义为基础,并借鉴了兄弟院校无机化学和普通化学实验改革的成功经验,删除了大部分验证性实验,增加了大量的综合性、研究性和设计性实验。

　　本教材的主要内容包括以下几个方面:

　　(1)基本操作实验。通过基本操作实验,了解和掌握化学实验的基本要求、操作技能以及常用电动仪器和玻璃仪器的使用。

　　(2)研究性实验。对生产和生活中的实际问题,提出解决方案。培养正确记录实验现象、合理处理实验数据的能力。

　　(3)设计性实验。根据实验要求中的大学化学问题,设计实验方案。掌握常见元素及化合物的酸碱性、溶解性、氧化还原性、水解及配位等性质,培养正确观察现象、分析现象和归纳总结的能力。

　　(4)综合性实验。综合运用大学化学知识,通过无机化合物制备、性能分析、性质测定,学习基本理论、基本知识和基本技能的综合运用,提高解决实际问题的能力。

　　综合性、研究性和设计性实验是本教材的特色。这些实验,要求学生查阅相关文献,制订实验方案,旨在加深学生对无机化学理论知识的理解,训练学生的基本化学实验技能,培养学生独立思考和独立解决问题的能力。

本教材在内容安排上,综合了以下几个方面的因素:(1)提高学生兴趣,培养学生实践和创新能力;(2)力求反映近代化学的新进展,联系工业实际,贴近日常生活;(3)基础与提高并重,保留了一部分基础知识和基本操作实验,增加了综合性、研究性和设计性实验。

参加本教材编写的有:牛盾(第1章,第2章,实验5、6、23);王育红(第3章,第4章,实验9、15、21);王锦霞(附录,实验1、2、24);李光禄(实验8、10、13);王毅(实验11、19、22);王林山(实验12、16);张庆功(实验4、18);范有静(实验14、17);孙挺(实验7);张霞(实验20);徐君莉(实验3)。

本教材由牛盾、王育红、王锦霞担任主编。

本教材在编写过程中得到了教研室全体人员的支持和参与。

教材中有不妥之处,恳请使用本教材的老师和同学批评指正。

编　者

于沈阳　南湖

2007年6月

# 目　录

# 1 绪 论

## 1.1 大学化学实验的学习目的

化学是一门以实验为基础的科学。化学中的定律和学说都源于实验，同时又被实验所检验。对任何理论的应用也要依据实验的探索。随着教学改革的深入，实验学时与理论课学时比例已达到 1∶1。许多理论知识需要在实验课上进行消化和理解。

大学化学实验的目的，就是使学生通过动手做实验，巩固和加深课堂所学的理论知识，加强和掌握实验的基本操作和技能，学会常用仪器的使用方法，培养独立动手操作能力，训练理论联系实际和分析、解决问题的能力。在实验过程中，通过观察现象、分析原因、测定数据、撰写报告等过程，培养科学思维的方法。另外还可以培养学生严格认真、实事求是的学习态度，理论联系实际的学习方法以及准确细致、整齐清洁等良好的实验习惯，使学生具有较高的实验素质，为以后的学习和工作打下良好的基础。

## 1.2 大学化学实验的学习方法

为达到大学化学实验的目的，就必须有正确的学习态度和学习方法。大学化学实验的学习方法可归纳为如下几个方面。

### 1.2.1 课前预习

预习是做好实验的前提和保证。预习工作应做到：

（1）认真阅读实验教材和教科书中的相关理论内容，做到明确实验目的、了解实验原理、熟悉实验内容、主要操作步骤及数据的处理方法。提出注意事项、合理安排实验时间，预习和复习基本操作及相关仪器的使用方法，认真回答思考题。

（2）在完成上述工作的基础上，弄清实验过程或工艺流程。列出实验所需的仪器、材料药品，查阅相关资料，列出数据处理过程中所需的常数。

（3）认真书写预习报告。预习报告应简明扼要。针对不同类型的实验，完成相关内容。

### 1.2.2　课上认真操作

（1）按拟订的实验步骤独立进行实验。操作要规范正确，观察实验现象要细致认真。

（2）实验过程中边操作、边思考、边记录。遇到疑难问题力争自己解决。必要时可与指导教师讨论。

（3）如实记录观察到的实验现象和测得的数据。原始数据不得涂改。若遇实验失败，在分析原因的基础上，可通过做对照实验或空白实验或自行设计实验进行核对。

（4）实验中要爱护仪器设备。严格遵守操作规程。如有损坏一定要如实报告。

（5）实验完毕，做好仪器设备的维护，使之恢复为待使用状态；要做好实验台的整洁工作，养成良好的卫生习惯。

### 1.2.3　课后总结报告

实验报告是对实验的总结和归纳。它从一定角度反映一个学生的学习态度、知识水平和观察问题、正确判断问题的能力。实验结束后，应严格按照实验记录，独立认真地完成实验报告的撰写工作。

（1）格式。不同类型的实验依据不同的格式来书写。字迹工整，书写整齐。

（2）内容。内容要完整。写明实验目的，原理简明扼要，多用自己领会后提炼出来的语言，切勿照抄书本，浪费时间，效果不好；实验步骤清晰明了，多采用表格、流程图或通用符号等形式来表示；实验现象正确全面，数据记录规范完整；结论部分应对实验现象进行解释，写出相应的方程式，得出结论；用表格法或作图法处理实验数据；问题与讨论部分可提出自己在实验过程中遇到的问题及解决方法。误差产生的原因及自己遇到的或由此联想到的与本实验相关但仍有疑问的内容,对实验的意见或建议等。

## 1.3 实验报告格式示例

### 1.3.1 测定类型实验报告格式

专业班级 _____ 姓名 _____ 合作者 _____

实验题目 _____ 实验日期 _____

实验目的:




测定原理(简述):





实验用品(简述):

数据记录和结果处理(及图表):




问题与讨论:

意见或建议:_____

指导教师签字:_____

## 1.3.2  制备类型实验报告格式

专业班级 _____    姓名 _____    合作者 _____

实验题目 _____    实验日期 _____

实验目的：

基本原理（简述）：

实验用品（简述）：

简单流程、主要现象及有关反应式：

实验结果、产品外观：          产量：          产率：

问题与讨论：

意见或建议：

指导教师签字：_____

### 1.3.3 性质类型实验报告格式

专业班级 _____ 姓名 _____ 合作者 _____

实验题目 _____ 实验日期 _____

实验目的：

实验用品（简述）：

实验：

| 实验内容 | 实验现象 | 反应方程式和解释 | 结论 |
|---|---|---|---|
|  |  |  |  |

小结：

问题与讨论：

意见或建议：

指导教师签字：_____

## 1.4　学生实验守则

（1）实验前必须认真预习，掌握实验目的、原理、要求等。

（2）必须按规定时间进行实验（开放实验室也要严格执行预约时间做实验）。因故不能做实验者，向指导教师请假，所缺实验在本课程考试前补齐，否则不得参加本课程的考试。

（3）实验过程中，要听从教师和实验工程技术人员的指导；要严格遵守各项规章制度，不准动用与本实验无关的其他仪器设备。

（4）做实验时要有严肃认真的态度，要做到精心操作、仔细观察、积极分析思考、如实记录实验数据，实验数据必须经教师审查签字通过，实验失败或实验结果误差超出允许范围时，要重做实验。

（5）实验中要注意人身安全，遵守操作规程，爱护实验仪器设备；仪器设备发生故障，应立即停止使用，采取必要的安全措施，并报告指导教师，凡违反纪律或操作规程造成实验仪器损坏者，要填写事故损坏报告单，学校根据情节轻重，态度好坏进行教育，直至赔偿和处分。

（6）实验时要节约水、电、材料等；实验结束后，清理好仪器设备、工具和周围环境，并经教师检查、实验工作人员验收后，离开实验室。

（7）学生应独立完成规定的实验内容，认真做好实验记录，要根据要求独立、认真地写好实验报告，要坚决杜绝"坐车"现象，一经发现有抄袭行为，学校根据对学生违纪、作弊处理的有关规定做出严肃处理。

## 1.5　化学实验室安全规则

化学实验室经常使用水、电、煤气等；化学实验室中许多试剂易燃、易爆、具有腐蚀性和毒性，存在着不安全因素。因此，进行化学实验时，思想上必须重视安全问题，绝不可麻痹大意。学生初次进行化学实验，应接受必要的安全教育。每次实验前应掌握本实验安全注意事项。在实验过程中严格遵守安全守则，避免事故的发生。

（1）了解实验环境。充分熟悉水、电、煤气等控制阀所在位置以及灭火器、消防栓、洗眼器等存放地点。

（2）严禁随意混合化学药品，不可尝其味道，以免发生意外。注意试剂、溶剂的瓶盖、瓶塞不能混用。

（3）严禁在实验室内吸烟、饮食、打闹；使用有毒试剂（如氟化物、铅盐、钡盐、汞和砷的化合物等）时，严防进入口内或接触伤口，剩余药品或废液不得倒入下水道中，应倒入指定的回收瓶中待集中处理。

（4）洗液、浓酸、浓碱具有强腐蚀性，用时要小心，避免溅落在皮肤、衣物、书本上，更应防止溅入眼睛中。稀释浓酸时，必须把酸注入水中而不是将水注入酸中。

（5）有机溶剂如乙醇、乙醚、苯、丙酮等易燃，使用时一定要远离火焰，用后应把瓶塞塞严，放在指定的地方。

（6）具有刺激性的、恶臭的、有毒的气体（如 $H_2S$、$Cl_2$、$CO$、$SO_2$、$Br_2$ 等）或进行能产生这些气体的实验以及加热或蒸发盐酸、硝酸、硫酸，溶解或硝化试样时，应该在通风橱内进行。

（7）易挥发和易燃物质的实验，应在远离火焰的地方进行，最好在通风橱内进行。

（8）加热或浓缩液体时，不能正面俯视，以免把眼、脸烫伤；加热试管中的液体时，不能将试管口对着自己或别人，以免液体溅出使人身受到伤害。

（9）有毒试剂（如氰化物、汞盐、铅盐、钡盐、重铬酸盐、砷酸盐等）不得进入口内或接触伤口，也不能随便倒入下水道，应回收统一处理。

（10）嗅闻气体时，应用手轻拂气体，把少量气体扇向自己再闻。

（11）实验室所有药品、仪器不得带出室外。

（12）实验完毕后，应将实验台整理干净，洗净双手，关闭水龙头、电闸、煤气阀门等后才能离开实验室。值日生和最后离开实验室的人员都应负责检查水、电、煤气以及门窗是否关好。

## 1.6　实验室中意外事故的处理

（1）割伤：先挑出伤口内的异物，然后在伤口处抹上红药水或紫药水后用消毒纱布包扎，也可贴上"创可贴"，能立即止血，且易愈合。必要时可送医院救治。

（2）烫伤和烧伤：轻度烫伤或烧伤，可在伤口处抹上烫伤油膏或万花油，不要把烫出的水泡挑破；严重的烫伤和烧伤，要用消毒纱布轻轻包扎伤处,并立即送医院治疗。

(3) 受酸腐伤:先用大量水冲洗,再用饱和碳酸氢钠溶液或稀氨水冲洗,最后再用水冲洗。

(4) 受碱腐伤:先用大量水冲洗,再用 2% 醋酸溶液或 3% 硼酸溶液冲洗,最后再用水冲洗。

(5) 酸和碱不小心溅入眼中,必须用大量水冲洗,持续 15min,随后即送医生处检查。

(6) 毒物误入口中,可取 5～10mL 稀 $CuSO_4$ 溶液加入一杯温水中,内服后用手指伸入咽喉,促使呕吐,然后立即送医院治疗。

(7) 毒气浸入:不慎吸入煤气、$Br_2$ 蒸气、$Cl_2$、$HCl$、$NH_3$ 等气体时,应立即到室外呼吸新鲜空气。

(8) 触电时,立即切断电源。必要时做人工呼吸。

## 1.7　消防常识

消防应以防为主。不慎起火时,切不要惊慌,应根据不同的着火情况采取不同的灭火措施。

(1) 防止火势蔓延。停止加热,立即关闭煤气总阀;拉下电闸,切断电路,把一切可燃物质和易燃、易爆物质移至远处。

(2) 灭火。物质燃烧需要空气并达到一定温度。所以,灭火的原则是降温和将燃烧物质与空气隔离。

化学实验室常用的灭火方法有:

(1) 小火可用湿布、石棉布或沙子覆盖燃烧物,火势较大时可用泡沫灭火器灭火。对油类、有机物的燃烧,切忌用水灭火。因为大多数有机物不溶于水,相对密度又小于水,用水不仅不能灭火,反而会扩大燃烧面积,使火势蔓延。

(2) 精密仪器或电线着火可用四氯化碳灭火(四氯化碳沸点低,相对密度大,不会被引燃)。把四氯化碳喷射到燃烧物的表面,四氯化碳液体迅速汽化,覆盖于燃烧物上,使燃烧物与空气隔绝而灭火,也可用干粉灭火器或 1211 灭火器灭火。

(3) 衣物着火时应立即用毛毯、麻袋之类蒙到着火者身上,切不要慌张跑动,否则会加强气流流动,使燃烧加剧。

常用灭火器类型及适用范围见表 1-1。

**表 1-1　常用灭火器类型及适用范围**

| 类　型 | 药 物 成 分 | 适用失火类型 |
|---|---|---|
| 泡沫灭火器 | $Al_2(SO_4)_3$，$NaHCO_3$ | 适用于一般起火及油类失火 |
| 二氧化碳灭火器 | 干冰（$CO_2$） | 适用于电器失火 |
| 干粉灭火器[①] | $NaHCO_3$等物质，加入适量润滑剂和防潮剂 | 适用于扑灭油类、可燃气体、电器设备、精密仪器、文件记录和遇水燃烧等物品的初起火灾 |
| 四氯化碳灭火器 | 液态 $CCl_4$ | 适用于电器失火[②] |
| 1211 灭火器 | $CF_2ClBr$ | 灭火效果好，主要适用于油类、有机溶剂、高压设备、精密仪器等失火 |

① 干粉灭火器内装二氧化碳作为喷射动力。喷出的灭火粉末覆盖在固体燃烧物表面，形成阻碍燃烧的隔离层，稀释燃烧区域中的含氧量，灭火迅速。

② $SO_2$着火时，严禁用 $CCl_4$灭火器灭火，因为 $CCl_4$ 与 $SO_2$ 能产生硫代光气 $CSCl_2$ 一类的有毒气体。

# 2 基 础 知 识

## 2.1 常用玻璃及瓷质仪器

### 2.1.1 常用玻璃及瓷质仪器简介

#### 2.1.1.1 试管和离心试管

普通试管以管外径×长度（mm×mm）表示。离心试管以容积（mL)表示。试管和离心试管用于少量试剂的反应,如图 2-1 所示。离心试管主要用于沉淀分离。使用时,反应液体不超过容积的 1/2,加热时不超过 1/3。普通试管可直接加热,离心试管不能用火直接加热。普通试管加热时应用试管夹夹持。加热后不能骤冷,以防炸裂。

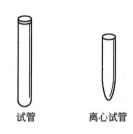

试管　　　　离心试管

图 2-1　试管和离心试管

#### 2.1.1.2 烧杯、锥形瓶

烧杯、锥形瓶以容积大小（mL)表示,一般有 50、100、150、200、250、400、500、1000、2000 等规格。烧杯主要用作反应容器、配制溶液、蒸发和浓缩溶液,如图 2-2 所示。加热时烧杯应置于石棉网上,使受热均匀,一般不直接加热。使用时,所盛反应液体不能超过烧杯容积的 2/3。锥形瓶用在滴定操作中。

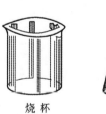

烧　杯　　　　　锥形瓶

图 2-2　烧杯和锥形瓶

#### 2.1.1.3 量筒

量筒以所能量取的最大容积(mL)表示,有 5、10、20、50、100、200、

250、500、1000 等规格。在准确度要求不高时用量筒量取液体,如图 2-3 所示。读数时应使眼睛的视线和量筒内液体的凹液面的最低点保持水平。不能量取热的液体,不可加热,不可用作反应容器。读数方法如图 2-4 所示。

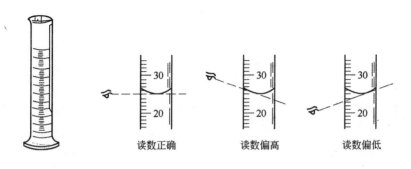

读数正确　　　读数偏高　　　读数偏低

图 2-3　量筒　　　　　　　　图 2-4　读数方法

#### 2.1.1.4　玻(璃)棒

玻(璃)棒有长短、粗细之分。用于搅拌、蘸取少量液体以及协助倾出溶液。

#### 2.1.1.5　蒸发皿

蒸发皿以器皿口径(mm)或容积(mL)表示,如图 2-5 所示。材质有瓷质、石英或金属。可用作反应容器、蒸发和浓缩溶液使用。能耐高温,但不能骤冷。蒸发溶液时一般放在石棉网上,也可直接明火加热。

图 2-5　蒸发皿

热的蒸发皿要用预热过的坩埚钳拿取,并将其放在石棉网上,不可放在实验台或其他地方。

#### 2.1.1.6　坩埚、泥三角

坩埚以容积大小(mL)表示。材质有瓷、石英、铁、铂、镍等。实验室通常使用的是瓷质的。使用时依试样性质选用不同材料的坩埚。其注意事项同蒸发皿。

泥三角有大小之分,用铁丝弯成三角套上瓷管,使用时注意铁丝不能断裂,如图 2-6 所示。

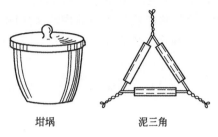

图 2-6　坩埚和泥三角

### 2.1.1.7　坩埚钳

图 2-7　坩埚钳

坩埚钳是用铁或铜合金制成,表面镀镍或铬,有长短、大小之分,用来夹持热的蒸发皿、坩埚等。坩埚钳用后,应尖端向上平放在实验台上,如图 2-7 所示。温度高时应放在石棉网上。

### 2.1.1.8　称量瓶

称量瓶以外径(mm)×高(mm)表示。分为高形和扁形两种,如图 2-8 所示。带有磨口塞,是用来精确称量试样或基准物的容器。称量瓶的优点是质量轻,可以直接在天平上称量,带有磨口塞,可防止瓶中的试样吸潮。使用时,不能直接用手拿取,因为手的温度高且有汗,会使称量结果不准确。应该用洁净的纸条将其套住,再用手捏住纸条。

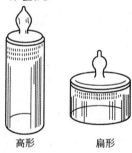

高形　　　扁形

图 2-8　称量瓶

### 2.1.1.9　容量瓶

容量瓶以容积(mL)表示,有 5、10、25、50、100、250、500、1000、2000 等规格。容量瓶是一种细颈梨形的平底瓶,带有磨口塞,瓶颈上刻有标线,表示液体充满至标线时的容积,是用来精确地配制一定体积和一定浓度的溶液的量器。如果是用浓溶液(尤其是浓硫酸)配制稀溶液,应先在烧杯中加入少量去离子水,将一定体积的浓溶液沿玻璃棒分数次慢慢地注入水中,每次加入浓溶液后,应搅拌之;如果是用固体溶质配制溶液,应先将固体溶质放入烧杯中用少量去离子水溶解。然后,将杯中的溶液沿玻璃棒小心地注入容量瓶中,再从洗瓶中挤出少量水淋洗烧杯及玻璃棒 2~3 次,将每次淋洗的水注入容量瓶中,最后,加水到标线处。但需注意,当液面接近标线时,应使用滴管小心地逐滴将水加到标线处(注意:观察时视线、液面与标线均应在同一水平面上)。塞紧瓶塞,将容量瓶倒转数次(此时必须用手指压紧瓶塞,以免脱落),并在倒转时加以摇荡,以保证瓶内溶液浓度上下各部分均匀。瓶塞是磨口的,不能随意串用,一般可用橡皮圈系在瓶颈上。容量瓶的正确使用方法如图 2-9 所示。

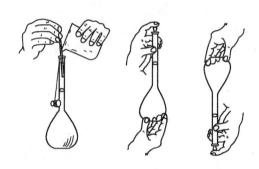

图 2-9　容量瓶的使用方法

### 2.1.1.10　移液管、吸量管

移液管、吸量管以容积(mL)表示,有 1、2、5、10、25、50 等规格,是精确移取溶液的量具,如图 2-10 所示。其操作方法是把移液管的尖端部分深深地插入液体中,用吸耳球把液体慢慢地吸入管中,待溶液上升到标线以上约 2cm 处,立即用食指(不要用大拇指)按住管口。

将移液管持直并移出液面,微微移动食指或大拇指和中指轻轻转动移液管,使管内液体的弯液面慢慢下降到标线处(注意:视线、液面、标线均应在同一水平面上),即压紧管口。若管尖挂有液滴,可使管尖与容器

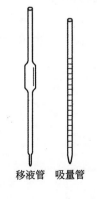

移液管　吸量管

图 2-10　移液管和吸量管

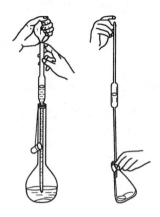

图 2-11　移液管的使用方法

壁接触使液滴落下。再把移液管移入另一容器(如锥形瓶)中,并使管尖与容器壁接触。放开食指,让液体自由流出,待管内液体不再流出后,稍停片刻(约十几秒钟),才把移液管拿开,如图 2-11 所示。此时遗留在管内的液滴不必吹出,因移液管的容量只计算自由流出液体的体积,刻制标线时已把留在管内的液滴考虑在内了。如果移液管上标有吹字,则需将遗留液滴用吸耳球吹出。

用移液管吸取有毒或有恶臭的液体时必须用配有吸耳球或其他装置的移液管。此外,为了精确地移取少量的不同体积(如 1.00mL、2.00mL、5.00mL 等)的液体,也常用标有精细刻度的吸量管。吸量管的使用方法与移液管相仿。

2.1.1.11　漏斗、长颈漏斗

漏斗、长颈漏斗以口径(mm)表示(如图 2-12 所示),用于过滤。不能用火加热。过滤时,贴妥滤纸,漏斗颈下端尖处必须紧贴接收容器的器壁。滤纸的折叠及使用方法见常压过滤。

2.1.1.12　布氏漏斗、吸滤瓶

吸滤瓶以容积(mL)表示。布氏漏斗

长颈漏斗　　　漏斗

图 2-12　长颈漏斗和漏斗

或玻璃砂芯漏斗以容积或口径(mm)表示。如图2-13所示。二者配合使用用于减压过滤。漏斗所配橡胶塞要塞进吸滤瓶口处三分之一,且要塞紧以免漏气。装置见减压过滤。不能

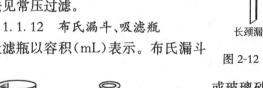

玻璃砂芯漏斗　　　　吸滤瓶　　布氏漏斗

图 2-13　漏斗和吸滤瓶

加热。

### 2.1.1.13 分液漏斗

分液漏斗以容积（mL）表示，形状有梨形、筒形、球形等，如图 2-14 所示。用于萃取、分离或滴加溶液；玻璃活塞不能互换；不能加热。

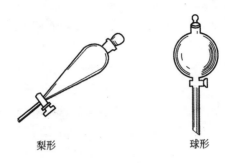

梨形 球形

图 2-14 分液漏斗

### 2.1.1.14 表面皿

图 2-15 表面皿

表面皿如图 2-15 所示，以直径（mm）表示，有多种规格。凸面向下盖在烧杯上，以防液体溅出或尘埃落入；用于自然晾干少量晶体，也可用于称量。不能直接用明火加热。

### 2.1.1.15 滴瓶

滴瓶以容积（mL）表示，用于盛放和滴加液体。但不能用于加热或盛装热的液体。有白色和棕色两种。棕色滴瓶用于盛装需避光保存的液体试剂。

### 2.1.1.16 滴定管

滴定管以容积（mL）表示，分为酸式和碱式两种。常用酸式、碱式滴定管的容积为 50mL。主要是滴定时用来精确量度液体的量器，刻度由上而下，如图 2-16 所示，与量筒刻度相反。常用滴定管的容积为 50mL，刻度为 0.1mL，而读数可估计到 0.01mL。滴定管的活塞有两种，一种是玻璃活塞，另一种是装在橡皮管中的玻璃小球。对

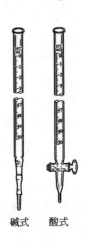

碱式 酸式

图 2-16 滴定管

前者,旋转玻璃活塞(注意不能将活塞横向移动,以致活塞松开或脱出,使液体从活塞旁边漏失),可使液体沿活塞当中的小孔流出;对后者,用大拇指及食指稍微捏挤玻璃小球上方旁侧的橡皮管,使之形成一隙缝,液体即可从隙缝流出。若要量度对玻璃有侵蚀作用的流体如碱液,只能使用带橡皮管的滴定管(碱式滴定管)。若要量度能侵蚀橡皮的液体如 $KMnO_4$、$I_2$、$AgNO_3$ 溶液等,则必须使用带玻璃塞的滴定管(酸式滴定管)。

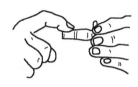

图 2-17　活塞涂凡士林油

使用的酸式滴定管的玻璃塞需涂有润滑脂或凡士林薄层。凡士林油的涂法如图 2-17 所示,先将活塞取下,将活塞筒及活塞洗净并用滤纸碎片将水吸干,然后在活塞筒小口一端的内壁及活塞大头一端的表面分别涂一层很薄的润滑脂(活塞筒及活塞的中间小孔处不得沾有润滑脂)。再将活塞小心塞好,旋转活塞,使润滑脂均匀地分布在磨口面上。最后检查是否漏液。

　　滴定管在装入滴定溶液前,除了需用洗涤液、水及去离子水依次洗涤清洁外,还需用少量滴定溶液即标液(每次约 10mL)洗涤 2~3次,以免滴定溶液的浓度被管内残留的水所稀释。洗涤滴定管时,应先将管平持(上端略向上倾侧)并不断转动,使洗涤的水或溶液与内壁的任何部分充分接触;然后右手将滴定管直持,左手打开活塞,使洗涤的水或溶液通过活塞下面的一段玻璃管而流出(起洗涤作用)。在洗涤带有玻璃活塞的滴定管时,还需注意用手托住活塞筒部分(或用橡皮圈圈牢活塞),以防活塞脱落而打碎。

　　滴定管装好溶液后必须把滴定管活塞下端的气泡逐出,以免造成读数误差。一般可迅速打开滴定管活塞,利用溶液的急流把气泡逐去。对于碱式滴定管,则把橡皮管稍折 45°向上,然后稍微捏挤玻璃小球旁侧的橡皮管,气泡易被管中溶液压出,如图 2-18 所示。

图 2-18　碱管赶出气泡的方法

滴定管应保持垂直。滴定前后均需记录读数,最终读数与初始读数之差就是溶液的用量。初始读数应调节在刻度刚为"0"或"0"之下。读数时最好在滴定管的后面衬一张白纸,视线必须与液面在同一水平面上,观察溶液弯液面底部所在的位置,仔细读到小数点后两位数字。视线不平或者没有估计到小数点后第二位数字,都会影响测定的精确程度。

滴定开始前,先把悬挂在滴定管尖端的液滴除去。滴定时用左手控制活塞,右手持锥形瓶(瓶口应接近滴定管尖端,不要过高或过低),并不断摇荡底部,使溶液均匀混合。

快到滴定终点时(这时每滴入一滴溶液,指示剂转变的颜色复原较慢),滴定速度要控制得很慢,最后要一滴一滴地滴入,防止过量;并且要用洗瓶挤少量水淋洗瓶壁,以免有残留的液滴未起反应。

为了便于判断终点时指示剂颜色的变化,可把锥形瓶放在白色瓷板或白纸上观察。最后,必须待滴定管内液面完全稳定后,方可读数(在滴定刚完毕时,常有少量沾在滴定管壁上的溶液仍在缓慢下流)。

### 2.1.1.17 点滴板

点滴板通常为瓷质,也有透明玻璃的,不能加热。用于定性实验中的点滴反应,观察沉淀的生成和颜色变化等。

### 2.1.1.18 干燥器

干燥器以口径大小(cm)表示。是保持物品干燥的仪器,它是由厚质玻璃制成的,上面是一个磨口边的盖子(盖子的磨口边上涂有凡士林),器内的底部放有干燥的氯化钙或硅胶等干燥剂,中部有一个可取出的、带有若干孔洞的圆形瓷板,供盛放装有干燥物的容器用,如图 2-19 所示。

图 2-19 干燥器

打开干燥器时,不应把盖子往上提,而应把盖子往水平方向移开,如图 2-20 所示。盖子打开后,要把它翻过来放在桌子上(不要使涂有凡士林的磨口边触及桌面)。放入或取出物体后,必须将盖子盖好,此时应把盖子往前推移,使盖子的磨口与干燥器口吻合。搬动干燥器时,必须用两手的大拇指把盖子按住,以防盖子滑动,如图 2-21 所示。温度较高的物体必须冷却至室温或略高于室温后,才可放入干燥器内。

　　图 2-20　干燥器的开启　　　　图 2-21　干燥器的搬动

### 2.1.2　常用玻璃及瓷质仪器的洗涤

　　为了使实验取得正确结果,必须保证仪器的干净整洁。玻璃仪器清洗干净的标准是用水冲洗后,仪器内壁能均匀地被水润湿而没有水的条纹或水珠附着。若有水珠沾附内壁,说明仪器仍未洗净,需进一步进行清洗。

　　玻璃仪器表面附着的污物一般有可溶性物质、尘土、不溶性物质、有机物和油污等。洗涤时,应根据实验的要求,选用适当的洗涤方法。

　　常用的洗涤方法有如下几种:

　　(1) 刷洗。普通或常用玻璃仪器如试管、离心试管、烧杯、锥形瓶、量筒等,可先用自来水冲洗,洗去表面灰尘。再用相对应的大小适宜的刷子刷洗内壁。最后再用去离子水冲洗 2～3 次。

　　(2) 对内壁附有油污和有机物质的玻璃仪器,可用去污粉、肥皂或合成洗涤剂(洗衣粉)洗涤。若油污和有机物仍洗不干净,可用热的碱液洗。

　　(3) 铬酸洗液。对所用仪器的洁净度要求较高,仪器形状特殊时,要使用铬酸洗液进行洗涤。

　　铬酸洗液的配制方法:粗称 4g 重铬酸钾研细,溶解在 100mL 温热的浓硫酸中。

铬酸洗液具有强酸性、强氧化性。在洗净仪器的同时,对衣服、皮肤、桌面等的腐蚀性也很强。使用时要多加注意。由于 Cr(Ⅵ)有毒,洗液应尽量少用。必须使用时应注意以下几点:

1)被洗涤的玻璃器皿不宜有水,以免洗液被稀释而影响洗涤效果。

2)洗液可以反复使用,用后即倒回原瓶。

3)当洗液颜色由原来的深棕色变为绿色,即重铬酸钾被还原为硫酸铬时,洗液即失效,不能继续使用。

4)洗液瓶的瓶塞要塞紧,以防洗液吸水而失效。

(4)浓盐酸洗液。浓盐酸可以洗去附着在器壁上的氧化剂。大多数不溶于水的无机物都可以用它洗去。灼烧过沉淀物的瓷坩埚,可先用热盐酸(1∶1)洗涤,再用洗液进行洗涤。

(5)氢氧化钠-高锰酸钾洗液可洗去油污和有机物。洗后在器壁上留下的二氧化锰沉淀可再用盐酸洗。

氢氧化钠-高锰酸钾洗液的配制方法:粗称 4g 高锰酸钾溶于水中,再加入 100mL 10％氢氧化钠溶液。

除以上洗涤方法外,还可依据污物的性质选用适当试剂进行洗涤。如洗涤 AgCl 沉淀,可选用氨水;洗涤硫化物沉淀可选用硝酸加盐酸洗涤。

用上述各种方法洗涤后,经用自来水冲洗干净的仪器上往往还留有 $Ca^{2+}$、$Mg^{2+}$、$Cl^-$ 等离子。若这些离子会对实验结果产生干扰,则应该用蒸馏水把它们洗去。使用蒸馏水的目的只是为了洗去附在仪器上的自来水,因此应尽量少用。

### 2.1.3　常用玻璃及瓷质仪器的干燥

洗涤干净后的玻璃仪器有时就可以直接用于实验了。但有些实验要求必须在无水条件下进行。这时,洗净的仪器就必须进行干燥。常用的玻璃及瓷质仪器的干燥方法有如下几种:

(1)晾干。不是急于使用的玻璃及瓷质仪器,洗净后可以倒放在干净的实验柜中或仪器架上,让其自然干燥。倒放可以防止灰尘落入仪器中。

（2）吹干。洗净的玻璃仪器可使用吹风机或玻璃仪器气流烘干器来干燥。用吹风机吹干时，一般先用热风吹玻璃仪器的内壁，待干燥后再吹冷风使其冷却。如果先用能与水互溶且挥发性较大的有机溶剂（如乙醇、丙酮或乙醚）等淋洗一下仪器，再用吹风机吹，则干得更快。淋洗时应转动仪器，使内壁完全润湿后再倾出溶剂。

（3）烘干。洗净的玻璃及瓷质仪器，尽量将水控干后再放进烘箱内。放时应使仪器口朝下，并在烘箱的最下层放置一个搪瓷盘，承接从仪器上滴下的水，以免水滴到电热丝上，损坏电热丝。关好门，将箱内温度控制在 105℃左右，恒温约 0.5h。

（4）烤干。一些可加热或耐高温的仪器如试管、烧杯、烧瓶等可通过加热使水分迅速蒸发而使仪器干燥。加热前先将仪器的外壁擦干，然后用火烤。加热时用试管夹或坩埚钳将仪器夹住并在火旁转动或摆动，使仪器受热均匀。烧杯、蒸发皿等可在石棉网上烤干。

注意事项：

（1）带有刻度的计量仪器如移液管、容量瓶、滴定管等不能用加热的方法干燥，因为这样做会影响仪器的精度。

（2）厚壁瓷质仪器不能烤干，可以烘干。

## 2.2　称量方法

化学实验中最常用的称量仪器是天平。天平的种类很多，应根据测试精度的要求合理选用天平。我们实验室中常用的有台平（托盘天平）和电子天平。

### 2.2.1　台平（托盘天平）

托盘天平用于对精确度要求不高的称量，一般能准确称量至 0.1g。结构如图 2-22 所示。10g 以上的砝码置于砝码盒内，10g 以下的质量通过移动游标尺上的游码来计量。称量之前，先调节零点，即台平空载时的平衡点。通过调节托盘下面的螺丝使指针处于中间位置。称量时，将被称物置于左盘上，选择质量合适的砝码（根据指针在刻度盘中间左右摆动情况而定）放在右盘上，再用游码调节至指针正好停在刻度盘中间位置,这时指针所停的位置为天平的平衡点(零点与平衡点之间允许偏差 1 小格以内)。读取此时的砝码加游码的质量,即为被称物的质量。

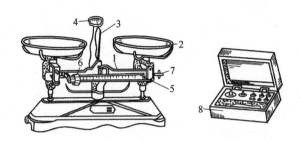

图 2-22 台平

1—横梁;2—托盘;3—指针;4—刻度盘;5,6—游码;7—平衡调节螺丝;8—砝码、砝码盒

注意事项:

称量物不能直接放在秤盘上,应放在称量纸上;有腐蚀性或易吸潮的药品应放在玻璃容器内;称量完毕时应将游码拨回"0"位,砝码放回盒内。

### 2.2.2 电子天平

电子天平是精确度高的电子测量仪器,可以精确地测量到 0.0001g。称量准确而迅速。电子天平型号很多。我们实验室使用的是 BS110S 型。感量为 0.1mg,最大载荷为 110g。称量时通常只使用开/关键和除皮键。

为了达到理想的测量结果,电子天平在初次接通电源或者长时间断电之后,至少需要 30min 的预热时间。只有这样,天平才能达到所需要的工作温度。

其使用方法和外形图见 4.1 电子天平的介绍。

## 2.3 加 热

### 2.3.1 加热方法

有些化学反应,往往需要在一定温度下才能进行;许多化学实验的基本操作,如溶解、蒸发、灼烧等过程也都需要加热。化学实验室常用酒精灯、酒精喷灯、煤气灯、电炉(普通电炉、管式炉和马弗炉)、电加热套、电热烘箱、电热板、恒温水浴等加热。

2.3.1.1　酒精灯

酒精灯由灯罩、灯芯和灯壶三部分组成,如图 2-23 所示。使用时要先加入酒精,应在灯熄灭情况下,牵出灯芯,借助漏斗注入酒精,最多加入量为灯壶容积的三分之二。点燃时要使用火柴,不能用燃着的酒精灯对引,如图 2-24 所示,以免洒落酒精引起火灾。熄火时,应用灯罩盖上,不可吹灭。盖上片刻后,将灯罩再打开一次,以免冷却后盖内负压使以后打开困难。

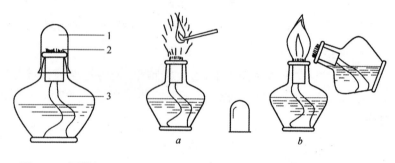

图 2-23　酒精灯　　　　　　图 2-24　点燃方法
1—灯罩;2—灯芯;3—灯壶　　　　a—正确;b—错误

酒精灯的加热温度通常为 400～500℃,适用于不需太高加热温度的实验。

2.3.1.2　酒精喷灯

酒精喷灯有座式和挂式两种。我们使用的是座式的酒精喷灯,其结构如图 2-25 所示。酒精喷灯温度最高达1000℃,最低保持 800℃。可连续工作45min,消耗酒精量约 250mL。使用时,首先用漏斗从壶盖处注入酒精,不超过

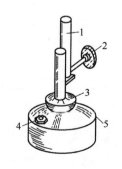

图 2-25　座式酒精灯
1—灯管;2—空气调节器;
3—预热盘;4—壶盖;5—酒精壶

酒精壶容积的五分之四(约 250mL)将盖拧紧,避免漏气。然后倾倒一下,以使立管内灯芯被酒精润湿以防灯芯烧焦。其次,在使用前必须用通针将喷火孔扎通。因喷火孔 φ0.55mm 容易堵塞,以致不能引燃。再次,将引火碗内注入少量酒精作引火用。一切准备就绪后用火柴将引火碗酒精点燃,待酒精快燃尽时,喷火筒即行喷火。如遇有引火点燃一次至两次不着,必须查找原因(喷火孔堵塞,元宝螺母胶垫是否压紧),不得继续引燃,以防发生事故。调节火力时,旋转空气调节器,向上移动至适当位置,待达到火力集中,喷火强烈时,拧紧固定,即可工作。

使用酒精喷灯时需注意:(1)喷灯下部不允许再加任何热源;(2)当罐内酒精耗至 20mL 左右,即应停止使用,如仍需继续工作时,则应增添酒精;(3)随时注意喷火孔的畅通以防堵塞,如发现喷火孔不够畅通时应立即停止使用,查找原因;(4)如发现酒精储存罐底部凸起时,应立即停止使用检查喷火孔是否堵塞,或酒精量是否过多,不可强行使用以免发生灯身崩裂造成事故;(5)灯芯需半年更换一次;(6)用后不得立即用手触摸以免烫伤;(7)周围环境温度不宜过高。

### 2.3.1.3 煤气灯

煤气灯以煤气为燃料,主要结构如图 2-26 所示。由灯座和灯管组成。灯管下部和灯座上部都有螺旋,可彼此连接,灯管下部还有几个小孔,为空气的入口。旋转灯管,可不同程度地开启气孔甚至完全关闭,用来调节空气的输入量。灯座一侧有一横向导管,煤气可以由橡皮管由此导入灯内,灯座底部有一螺旋形针阀,用以调节煤气的流量。

使用煤气时,首先将螺旋形针阀和灯管顺时针旋转至关闭状态,然后打开煤气开关,点燃火柴,逆时针旋转针阀,在灯管上口点燃。继续旋转针形阀加大煤气量,此时火焰为黄色,多烟且温度不高。然后

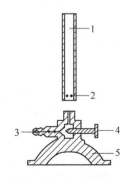

图 2-26 煤气灯的构造
1—灯管;2—空气入口;
3—煤气入口;4—针阀;5—灯座

慢慢逆时针转动灯管,逐渐加大空气进入量,火焰由黄转为蓝色,并且分为三层。

　　煤气的正常火焰如图 2-27 所示。正常火焰各区域的颜色、温度及作用见表 2-1。

表 2-1　正常火焰各区域的颜色、温度及作用

| 区域 | 颜色 | 温度 | 作 用 |
|------|------|------|--------|
| 焰心 | 黯黑 | 较低 | 煤气与空气混合,尚未燃烧或少部分燃烧 |
| 还原焰 | 淡蓝 | 较高 | 部分燃烧　　　$2H_2 + O_2 = 2H_2O$<br>$2CO + O_2 = 2CO_2$<br>$2CH_4 + O_2 = 4H_2 + 2CO$<br>$CH_4 = C + 2H_2$<br>因有游离 C 及 CO 故为还原性 |
| 氧化焰 | 蓝紫 | 最高 | 完全燃烧　　　$2H_2 + O_2 = 2H_2O$<br>$C + O_2 = CO_2$<br>$CH_4 + 2O_2 = 2H_2O + CO_2$ |

　　由表 2-1 可知,氧化焰的温度最高。实验时应使用氧化焰加热。

　　当空气或煤气的进入量都很大时,会产生"临空火焰";当煤气量小,空气量很大时,会产生"侵入火焰",如图 2-28 所示。此时煤气在灯管内燃烧,并发出特殊的嘶叫声,将烧热灯管。无论发生上述哪种情况,均应立即关闭煤气,然后再按上述操作过程重新点燃。

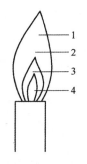

图 2-27　正常火焰

1—氧化焰;2—最高温处;3—还原焰;4—焰心

临空火焰　　侵入火焰

图 2-28　不正常火焰

煤气是易燃且有毒的气体,煤气灯用毕,切记随手关闭煤气开关,以免发生意外事故。

### 2.3.1.4 电加热装置

实验室中常用的电加热装置主要有电炉、管式炉、马弗炉、电加热套、电热烘箱、电热板以及恒温水浴装置等。

电炉按功率大小有 500W、1000W 等规格。目前常见的封闭式电炉替代了以往的阻丝外露的老式电炉,使用起来更加方便。可直接将需加热的仪器置于炉面上。温度的高低可以通过调节电压来控制。注意不能把加热的药品溅在炉面上,以免腐蚀炉面造成电炉损坏。

管式炉和马弗炉都属于高温电炉,用于高温灼烧或高温反应,外形不同,但组成类似,都是由炉体和温度控制器两部分组成。如加热元件是电热丝时,最高使用温度可达到 950℃ 左右;如果用硅碳棒加热,最高使用温度可以达到 1300℃。测量这样的高温,通常使用热电偶温度计,是由热电偶和毫伏表组成的。热电偶由两根不同的金属丝焊接一端制成(如铂-铂铑偶等,不同热电偶测温范围不同),将热电偶的焊接端插入待测温度处,未焊接端分别接到毫伏表的正、负极上。不同温度产生不同的热电势,毫伏表指示不同读数。将毫伏表的读数换算成温度值,就可以直接从表的指针位置上读出温度。数字显示的温度控制仪则可以直接从显示屏上读取温度值。一般情况下,都需要控制反应在某一温度下进行,只要把热电偶和一个接入电路的温度控制器连接起来,就组成了自动温度控制器。使用时接通电源,开启加热开关,炉子开始升温,此时有指针或显示屏指示炉内温度,另有一螺旋可调节红色指针到达设定温度。数显的温控器则可通过设定旋钮将温度调至指定温度。等炉温升至该温度时,加热元件停电,绿色指示灯亮。等炉温降低后又可自动进入加热状态。

管式炉内部为管式炉膛,炉膛中插入一根耐高温的瓷管或石英管,反应物放入瓷舟或石英舟,再将其放进磁管或石英管内。较高温度的恒温部分位于炉膛中部。固体灼烧可以在空气气氛或其他气氛中进行,也可以进行高温下的气、固反应。在通入别的气氛气或反应气时,瓷管或石英管的两端要用带有导管的塞子塞上,以便导入气体和引出尾气。

马弗炉炉膛为方形,打开炉门就可放入要加热的坩埚或其他耐高温容器。马弗炉内不允许加热液体和其他易挥发的腐蚀性物质。如果要灰化滤纸或有机物成分,在加热过程中应几次打开炉门通入空气。常见电加热装置如图 2-29 所示。

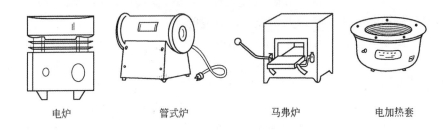

电炉　　　　　　　管式炉　　　　　　　马弗炉　　　　　电加热套

图 2-29　常见电加热装置

　　电加热套是用耐高温的玻璃纤维做绝缘材料,电热元件为封闭型,数显部分采用高精密度元件,恒温控制时余热只有 1℃左右,均被包裹于绝缘层内的"碗状"电加热器。温度高低由控温装置调节,最高温度可达 400℃左右。它的容积大小一般与烧瓶的容积相匹配,从 50mL 起,各种规格均有。

　　电热烘箱有许多种规格、型号,是化学实验的常用设备。目前的新产品多为不锈钢外壳、数字显示温度、鼓风式的电热干燥设备。如图2-30所

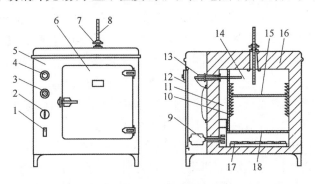

图 2-30　电热鼓风干燥箱

1—鼓风开关;2—加热开关;3—指示灯;4—温度控制器旋钮;5—箱体;6—箱门;
7—排气阀;8—温度计;9—鼓风电动机;10—隔板支架;11—风道;12—侧门;
13—温度控制器;14—工作室;15—隔板;16—保温层;17—电热器;18—散热板

示。外形美观,使用方便。通电前,先检查干燥箱的电气性能,并注意是否有断路和漏电现象。将温度计插入箱顶固定位置,拧开排气阀。调节温控仪,将温度设定到所需的温度值。接通电源,即可开始工作。升温过程中,可根据需要决定是否开启鼓风机。当达到设定温度时,电热烘箱会自动断电。

使用电热烘箱时需注意:易燃、易挥发的物品不能放入箱内;位于箱底部的散热板上不能放物品,以免影响热空气对流。

电热板与电炉类似。但加热面积大,升温高。可使用沙浴。适用同时平行加热多个样品。可用于通风橱中溶解难溶物质、硝解等。温度可事先设定,通过传感器连接到温控仪上。

恒温水浴装置有许多种,分单孔、多孔、单列多孔和双列多孔等等。使用前先将水加入到箱内,水位必须高于隔板。接通电源,打开开关,将控温旋钮调至所需要的温度值。绿灯亮表示升温,红灯亮表示定温。注意不能无水或水位低于隔板加热,以防损坏加热管。加水时不可将水流入控制箱内,以防发生触电。不用时最好将水及时放掉,并擦干净保持清洁。

### 2.3.2　加热操作

加热操作可分为直接加热和间接加热两种。

#### 2.3.2.1　直接加热

直接加热是将被加热物直接放在热源中进行加热,如在酒精灯上加热试管、在马弗炉内加热坩埚等。

(1)直接加热液体。直接加热适用于在较高温度下不分解的溶液或纯液体。少量液体可在试管中加热,大量液体则可在烧杯中或其他器皿中进行,如图2-31所示。用试管加热时需用试管夹夹住试管的中上部,管口向上微微倾斜。管口不能对着自己和其他人的面部,以免溶液沸腾时溅出烫伤。管内所装液体不能超过试管容积的1/3;在烧杯中加热液体时体积不能超过烧杯容积的2/3。如需浓缩溶液,则需把溶液放入蒸发皿中加热,待溶液沸腾后再用小火慢慢地蒸发、浓缩。

(2)直接加热固体。少量固体药品可在试管中加热,方法与直接加热液体相同,只是试管口要向下倾斜,使冷凝水顺管口流出,以免倒

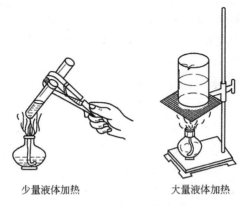

少量液体加热　　　　　大量液体加热

图 2-31　直接加热液体的方式

流而炸裂试管;较多固体的加热,应在蒸发皿中进行;高温灼烧在坩埚中进行,如图 2-32 所示。先用小火预热,再慢慢加大火焰,但不能太大,以免溅出,造成损失。加热过程中要充分搅拌,使固体受热均匀。灼烧时加热至坩埚红热维持一段时间后停止加热。放置一会儿后,用预热过的坩埚钳夹持到干燥器中冷却。

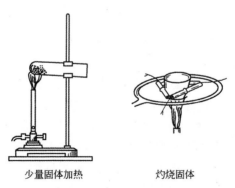

少量固体加热　　　　　灼烧固体

图 2-32　直接加热固体的方式

### 2.3.2.2　间接加热

间接加热是先用热源将某些介质加热,介质再将热量传递给被加热物,也称为热浴。常见的热浴有水浴、油浴、沙浴等。其优点是加热均匀,升温平稳,能使被加热物保持一定温度。

（1）水浴。水浴加热在水浴锅内进行。其盖子是由一组大小不同的同心金属圆环组成的,依被加热器皿的大小去掉部分圆环,水浴锅内放水,量不要超过其容积的 2/3,下面用明火加热,热水或蒸汽即可将上面的器皿升温。在操作过程中,应尽量使水的表面略高于被加热器皿内反应物的液面,加热效果更好。

（2）油浴和沙浴。用油代替水浴中的水即是油浴。沙浴是将细沙均匀地铺在平面金属板上,被加热器皿放在沙上,底部插入沙中,用明火或电加热金属板。

当被加热物要求受热均匀,温度不超过 100℃时,采用水浴加热;当被加热物要求受热均匀,温度超过 100℃时,可用油浴或沙浴加热。常见间接加热方式如图 2-33 所示。

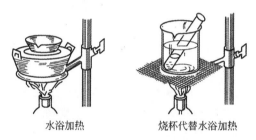

水浴加热　　　　　　烧杯代替水浴加热

图 2-33　常用间接加热方法

## 2.4　化学试剂

### 2.4.1　化学试剂的规格

关于化学试剂的规格,各国标准不一。我国常用试剂的划分见表 2-2。

表 2-2　常用试剂规格

| 国家标准 | 优(质)级纯<br>(保证试剂)G. R. | 分析纯<br>A. R. | 化学纯<br>C. R. | 实验试剂<br>L. R. |
|---|---|---|---|---|
| 等　级 | 一级品（Ⅰ） | 二级品（Ⅱ） | 三级品（Ⅲ） | 四级品（Ⅳ） |
| 标　志 | 绿色标签 | 红色标签 | 蓝色标签 | 棕色或黄色标签 |
| 用　途 | 精密的分析工作和科研工作 | 一般的分析工作和科研工作 | 厂矿的日常控制分析和教学实验 | 实验中的辅助试剂及制备原料 |

除上述四种试剂外,还有基准试剂、色谱试剂、生化试剂、高纯试剂等。基准试剂是容量分析中用于标定标准溶液的基准物质;色谱纯试剂用作色谱分析的标准物质;生化试剂用于各种生物化学实验;高纯试剂又细分为高纯、超纯、光谱纯试剂等。光谱纯试剂为光谱分析中的标准物质。各种级别的试剂因纯度不同价格相差很大。应根据实际工作的需要,选用适当等级的试剂,既满足工作要求,又节省开销。

### 2.4.2　试剂的存放

固体试剂一般存放在广口瓶中,液体试剂存放在细口试剂瓶或滴瓶中。见光容易分解的试剂装在棕色瓶中,置于避光阴凉处。瓶口及瓶塞或滴管均为磨口。盛装强碱性溶液的试剂瓶(如 $NaOH$、$KOH$、浓 $NH_3 \cdot H_2O$)瓶塞应换用橡胶塞,以免瓶口与瓶塞粘连。每一个试剂瓶上都贴有标签,标明试剂的名称、浓度等。

### 2.4.3　试剂的取用

#### 2.4.3.1　固体试剂的取用

先看清标签,然后打开瓶塞将其倒放在实验台上。用牛角勺、不锈钢药勺或塑料药勺取出所需试剂,按需取用,不要多取。多取的试剂不能倒回原试剂瓶内,可放入回收瓶中。取样时药勺必须干净且专勺专用。试剂取用后,要立即盖严瓶塞(注意不要盖错),并将试剂瓶放回原处。需要对固体试剂进行称重时,可将固体试剂放在纸上或表面皿上,根据实验要求选用精度合适的称量仪器进行称量。称量具有腐蚀性或易潮解的固体试剂时,应在表面皿、小烧杯或称量瓶等其他容器中进行。固体颗粒较大时,可在干净的研钵中研细。研钵中所盛固体不得超过研钵容积的 1/3。

#### 2.4.3.2　液体试剂的取用

从试剂瓶中取用液体试剂时,可用倾滗法。取下瓶塞,倒置于桌面上,一只手拿住容器如试管、烧杯等,另一只手握住试剂瓶,将贴有标签的一面朝向手心,将试剂瓶逐渐倾斜,使所需试剂沿洁净的试管壁流入试管或沿着洁净的玻璃棒流入烧杯中。取用完毕后,应将试剂瓶口在容器内壁上靠一下,再使试剂瓶竖立,避免液滴沿试剂瓶外壁流下。操作方法如图 2-34 所示。

图 2-34 液体试剂的取用

若从滴瓶中取用少量试剂,则需先提起滴管,使管口离开液面,用手指捏紧滴管上部的橡皮胶帽赶出滴管中的空气,再将滴管伸入试剂瓶中,缓慢放松手指,吸取试剂。再提取滴管将其垂直地放在试管口上方,将试剂逐滴滴入试管。滴加试剂时,滴管要垂直,以保证滴加体积的准确。使用滴管时需注意,不能将滴管伸入试管内,用后需立即放回原滴瓶中。滴加试剂的方法如图 2-35 所示。每个滴瓶上的滴管不能和其他滴瓶上的滴管混用,以免弄污试剂,影响实验效果。

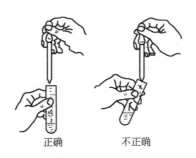

正确　　　　　不正确

图 2-35 滴加试剂

需定量取用液体试剂时,可根据实验的要求选用量筒或移液管、吸量管等,其使用方法见玻璃仪器。

取用易挥发的试剂,如浓 $HCl$、浓 $HNO_3$、液溴等,应在通风橱中进行,取用强氧化剂及强腐蚀性药品要注意安全,不要碰到衣物上或皮肤上。

## 2.5　数据的表达和处理

本书实验中所涉及到的化学实验数据的表示方法主要有列表法和图解法。下面分别加以介绍。

### 2.5.1　列表法

列表法是表达实验数据的最常用的方法。将实验数据记录到简明合理的表格中，使得全部实验数据一目了然，便于得出变量之间的关系以及变化的规律，以便进一步地进行数据处理。一张完整的表格应包括表头名称、实验序号、项目、数据等几项内容。因此，做表时应明确上述几点要求，根据不同的实验内容及要求分别列出自变量与因变量，做好记录，做出完整规范的表格。

### 2.5.2　图解法

图解法通常是在平面直角坐标系中，用图表示实验数据。以一种直线图或曲线图描述所测试的变量之间的关系，使实验测得的各个数据间的关系更为直观，并可由图确定出所测变量之间的定量关系。如温度校准曲线，将自变量作为横坐标，因变量作为纵坐标，所得曲线表示二者之间的定量关系。在曲线范围内，对应于任意自变量的因变量值均可由曲线读得。

对于一些不能或不易直接测得的数据，在适当的条件下可通过作图外推的方法求得，如本书中焓变的测定实验。以时间为横坐标、温度为纵坐标作图，得到温度随时间的变化曲线，将该曲线进行外推后可得到真正的温度改变值，具体方法见焓变的测定实验。

实验数据只表达清楚是远远不够的，还需对其进行处理。常用的处理方法是作图。作图要把握好以下几个要点：

（1）以自变量为横坐标，因变量为纵坐标。

（2）选择恰当的比例。原则是使图上读出的各种量的准确度和测量得到的准确度一致，也就是说使图上的最小分度与仪器的最小分度一致，表示出全部有效数字。

（3）用同一张坐标纸做几条曲线时，每条曲线上的坐标点要用不同的符号表示。

（4）在图上注明原点所表示的量、单位数值大小、坐标轴所代表的量的名称及单位以及图的名称。

## 2.6 有效数字

在化学实验中不仅要准确地进行量的测定，还须正确地记录和计算，才能得到可信的结果。为了能够合理地取值并正确地运算，则必须很好地理解和应用有效数字的概念。有效数字就是在具体工作中实际能够测量到的有实际意义的数字，是以数字来表示有效数量。

有效数字的位数取决于测量的方法和仪器的精度。例如，某物体在台平上称量，所得质量为 12.5g。由于台平的准确度是 0.1g，所以该物体的质量实际是 12.5g±0.1g，它的有效数字是三位；若将此物体放到分析天平上称量，测得质量为 12.4840g。由于分析天平的准确度为 0.0001g，因此该物体的质量实际是 12.4840g±0.0001g，其有效数字是六位。又如，用滴定管取液体，其刻度为 0.1mL，可估计到 0.01mL。若读数为 23.43mL 就表示前三位 23.4mL 是准确地从滴定管的刻度上读出来的，最后一位 0.03mL 则是由肉眼估计的，其准确读数可表示为 23.43mL±0.01mL，它的有效数字是四位。

可见在有效数字中保留了最末一位可疑数。因为任何超过或低于仪器精确度的有效位数的数字都是不正确的。如上述滴定管读数不能定为 23.430mL，它夸大了实验的准确度；也不能草率地写成 23.4mL，它缩小了实验的准确度。

对于数字中的"0"，要具体情况具体分析。"0"有两种用途，一种表示有效数字，另一种决定小数点的位置。例如，用电子天平称量硫酸铜的质量，其结果为 12.4840g 中的"0"，即为有效数字，表示电子天平的称量精度为 1/10000；若称量结果为 0.0040g，则"4"左边的 3 个"0"不是有效数字，仅表示位数，只起定位作用，而"4"右边的"0"则是有效数字，表示这个数的有效数字是两位。

　　可见,如果"0"在表示实际测量时,处在数字的中间或最后,它是有效数字,应包括在有效数字的位数中;当"0"用来定位,用它来表示小数点的位置时,它就不是有效数字,并不包括在有效数字的位数中。还须指出,对于成百、成千的数值,为了表示出其有效数字的位数,应当变换单位或将数值改写成 $a \times 10^x$ 的形式。如 6.0kJ 表示有两位有效数字,$6.00 \times 10^3$J 表示有三位有效数字,$6 \times 10^3$J 只表示有一位有效数字。

　　在处理数据时,常常会遇到一些有效数字位数不同的情况,首先应按一定的规则进行处理,再按一定的法则进行运算。

　　(1) 有效数字的最后一位数字,一般是不定值。记录数据时,只应保留一位不定值。

　　(2) 运算时,以"四舍五入"为原则舍去多余的数字。

　　(3) 数值的加减。几个数值相加或相减,和或差的有效数字位数的保留与这些数值中小数点后位数最少的数字相同。在运算前,先按四舍五入法舍去不必要的过多数字,然后再进行计算。如将 0.0121、1.0568、25.64 三个数相加,应以 25.64 为依据,保留到小数点后第二位。按四舍五入法将 0.0121 改写成 0.01,将 1.0568 改写成 1.06 之后再进行运算。

| 错误的运算 | 错误的运算 | 正确的运算 |
|---|---|---|
| 0.0121 | 0.0121 | 0.01 |
| 1.0568 | 1.0568 | 1.06 |
| +)25.64 | +)25.64 | +)25.64 |
| 26.7089 | 26.70 | 26.71 |

　　(4) 几个数字相乘或相除时,积或商的有效数字位数的保留是以数字的相对误差最大的那个数为依据,即与各数字中有效数字位数最少的那个数相同,而与小数点的位置无关。确定位数后,先四舍五入舍去不必要的过多数字,然后进行计算。如将 0.0121、1.0568、25.64 三个数相乘,应以 0.0121 为依据,保留三位有效数字:

$$0.0121 \times 1.06 \times 25.6 = 0.328$$

　　若将三个数直接相乘以后,保留四、五或更多的位数,将会造成运算以后反而比运算前每个数的相对误差更小的情况,这是不可能的。

在乘除运算中,常会遇到 9 以上的大数,如 9.30,9.87 等。其相对误差约为 1‰,与 10.06、12.10 等四位有效数字数值的相对误差接近,所以通常将它们当作四位有效数字的数值进行处理。

在较复杂的计算过程中,中间各步可暂时多保留一位不定值数字,以免多次取舍,造成误差的累积。直到运算结束时,再舍去多余的数字。

# 3 基本操作

## 3.1 溶液的配制

化学实验中经常使用不同浓度的溶液,许多化学反应是在溶液中进行的。熟练掌握溶液的配制方法是做好化学实验的前提。溶液的配制方法和所用仪器随着溶液浓度精密度的要求的不同而不同。溶液按精密度分为两类。一般溶液的浓度其有效数字最高只能达到小数点后两位,如 $0.10mol/L$ $Pb(NO_3)_2$溶液,$0.01mol/L$ $KMnO_4$溶液等等。另一类是准确浓度的溶液,其有效数字为小数点后四位,如 $0.2000mol/L$ $CuSO_4$溶液等。

根据物质存在的状态,溶液的配制有三种方法,分别为:(1)利用固体物质配制;(2)利用液体物质配制;(3)利用浓溶液稀释。下面进行分述。

### 3.1.1 利用固体物质配制溶液

用固体物质配制溶液分为以下几个步骤:计算、称量、溶解、定容。

(1)计算。根据所要配制溶液的浓度计算出所需固体物质的量。可用下面公式:所需试剂质量 = 配制溶液浓度×配制体积×该试剂的相对分子质量。

(2)称量。若配制一般浓度的溶液,则用台平进行称量即可;若配制准确浓度的溶液,则要用电子天平进行称量,称出所需物质的准确的量。

(3)溶解。将固体物质放入烧杯中,向试样中加水,并用玻璃棒搅拌使其溶解。

(4)定容。若为一般浓度的溶液,则只需将试样溶解后稀释到刻度即可;若配制准确浓度的溶液,则需将溶液转移到容量瓶中,再用水稀释到刻线,摇匀后使用。

特别提示:在进行计算时,要看清固体试剂瓶上的标签,按标签上标注的相对分子质量进行计算。因为有些固体试剂含有结晶水,未看·清会造成计算错误影响所配制溶液的浓度。

### 3.1.2 利用液体物质配制溶液

用液体物质配制溶液分为计算、量取液体体积、稀释到刻度几个步骤。具体方法参见 3.1.3。

### 3.1.3 利用浓溶液稀释

溶液稀释后,所含溶质的物质的量并没有发生改变,所以稀释后的体积与浓度的乘积与原溶液的体积与浓度的乘积相等,即 $M_1V_1 = M_2V_2$。可见要利用浓度为 $M_1$ 的浓溶液配制成浓度为 $M_2$、体积为 $V_2$ 的稀溶液,可利用公式 $M_1V_1 = M_2V_2$ 计算出浓溶液的体积 $V_1$。然后用量筒量取浓溶液 $V_1$,用水稀释至 $V_2$ 即可。

若稀释准确浓度的溶液,则可利用移液管和容量瓶进行。

## 3.2 沉淀的分离与洗涤

常用的沉淀分离方法有三种:倾泻法、过滤法和离心分离法。

### 3.2.1 倾泻法

当沉淀的相对密度较大或结晶颗粒较大静止后能较快沉降至容器底部时,可用倾泻法进行分离和洗涤。具体操作如图 3-1 所示。其操作要点是待沉淀沉降后,将沉淀上部的清液缓慢地倾入另一容器中,使沉淀与溶液分离。如需洗涤时,可在转移完清液后加入少量洗涤液,充分搅拌待沉淀沉降后,再用倾泻法倾去清液。重复操作 2～3 次,即能将沉淀洗净。

图 3-1 倾泻法

### 3.2.2　过滤法

过滤法是沉淀分离中最常用的方法。过滤时,沉淀留在过滤器(漏斗内的滤纸)中,溶液则通过过滤器进入容器中,所得溶液称为滤液。

常用的过滤方法有:常压过滤、减压过滤和热过滤。

#### 3.2.2.1　常压过滤

在常压下用普通漏斗过滤的方法称为常压过滤法。当沉淀物为细小晶体或胶体时,用常压过滤法较好,但过滤速度较慢。过滤前,选取一张与漏斗规格相适合的滤纸,先对折两次,然后将对折成四层的滤纸打开成圆锥形,锥形的一半分为三层,如果漏斗的规格不标准(非60°角),可适当改变所折滤纸的角度使其形成的圆锥形与漏斗相符,然后撕去一小角,如图 3-2 所示。用食指把滤纸按在漏斗内壁上,用少量蒸馏水润湿滤纸,再用食指或玻璃棒轻压滤纸四周,如图 3-3 所示。赶去滤纸和漏斗内壁之间的气泡,使滤纸紧贴在漏斗内壁上。若滤纸与漏斗内壁之间有气泡则会影响过滤速度。

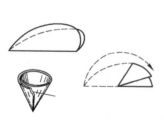

图 3-2　滤纸的折叠方法　　　图 3-3　用手指按住滤纸

过滤时应注意:漏斗要放在漏斗架上,调整漏斗架的高度,使漏斗尖端紧靠接收器的内壁,以便加快过滤速度,同时避免溶液溅失,如图 3-4所示。然后用倾泻法将溶液沿玻璃棒在三层滤纸一侧缓慢倾入漏斗中,注意液面高度应低于滤纸 2～3mm。如沉淀需洗涤,应待溶液转移完毕后,往盛有沉淀的容器中加入少量溶剂如图 3-5 所示充分搅拌,等沉淀沉下后,再将上层溶液倾入漏斗中,重复操作 2～3 次。最后将沉淀转移到滤纸上,如沉淀为胶体,应加热溶液破坏胶体,趁热过滤。

图 3-4　过滤

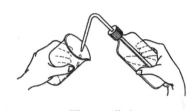

图 3-5　淋洗

### 3.2.2.2　减压过滤(抽滤或真空过滤)

为加快过滤速度,并能使沉淀抽得较干燥,常使用减压过滤。但需注意减压过滤不宜用于过滤颗粒太小的沉淀和胶体沉淀。因为胶体沉淀在快速过滤时容易透过滤纸;颗粒很细的沉淀会因减压抽吸而在滤纸上形成一层密实的沉淀,使溶液不易透过,影响过滤速度。减压过滤的装置如图 3-6 所示。

安装时,布氏漏斗下端斜口正对吸滤瓶支管,用耐压橡皮胶管把吸滤瓶与安全瓶连接上,以防倒吸。过滤前,先选好一张圆形滤

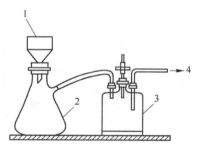

图 3-6　减压过滤装置
1—布氏漏斗;2—吸滤瓶;3—安全瓶
(缓冲瓶);4—水泵或真空泵

纸,滤纸应比漏斗内径略小,用少量水润湿滤纸,打开真空泵或水泵,减压使滤纸与漏斗贴紧,然后开始抽滤。用倾泻法将溶液沿玻璃棒倒入漏斗中,注意加入量不要超过漏斗容量的 2/3。

如沉淀需洗涤,在停止抽气后,用尽可能少量的干净溶剂洗涤晶体,减少溶解损失。边加边搅拌,使所有晶体都被溶剂浸润,再进行抽气,重复 1~2 次。过滤完成后,先拔下连接吸滤瓶和真空泵的橡皮管,再关闭抽气系统,以防倒吸。取下漏斗后将其倒扣在滤纸上或容

器中,轻轻敲打漏斗边缘,使滤纸和沉淀脱离漏斗,滤液则从吸滤瓶的
上口倾出,不要从侧面的尖嘴倒出,以免弄脏滤液。

如果过滤的溶液有强酸性或强氧化性,为避免溶液和滤纸作用应
采取玻璃砂漏斗。但由于碱易与玻璃作用,玻璃砂漏斗不适于过滤强碱性溶液。

### 3.2.2.3  热过滤

图 3-7   热过滤装置

某些物质在温度降低时易析出晶体。如不希望它在过滤过程中析出,可采用热过滤法过滤。热过滤时,把玻璃漏斗放在铜质的热水漏斗内如图 3-7 所示。热水漏斗内装有热水,用煤气灯或酒精灯加热热水漏斗,以维持溶液的温度。热过滤法选用的玻璃漏斗,其颈的外露部分不易过长。

### 3.2.3   离心分离法

当被分离的溶液和沉淀的量很少时,为了使沉淀与溶液迅速分离,可用离心分离法。离心分离法是将待分离的沉淀和溶液装在离心试管内,放入离心机中高速旋转。这样既能避免一般方法过滤时使得少量沉淀粘在滤纸上难以取下,又使得悬浮在溶液中的沉淀迅速集聚在离心试管的底部,而上面是清液。用滴管将清液和沉淀分开。用手指捏紧滴管上的橡皮胶帽,排除空气后将滴管轻轻插入清液,缓慢放松手指,溶液则慢慢进入滴管中,将溶液转移到别处,进而使沉淀与溶液分离。进行分离操作时应注意,切勿将滴管插入溶液后再捏橡皮头;插入离心试管中的滴管不能触及沉淀。如需洗涤沉淀,可将洗涤液滴入试管,用搅拌棒充分搅拌后再进行离心分离。反复操作 2～3 次即可。

## 3.3   加热与冷却

### 3.3.1   加热

加热方法及操作在第 1 章中已做过详细讲解,这里不再重复。

### 3.3.2 冷却

物体加热后需冷却时,可采用如下方法:

(1)空气冷却。将需冷却的物体放在空气中,静置。冷却时间与加热温度及气温有关。

(2)水浴冷却。将需冷却的物体放在水浴中。冷却时间较空气冷却要快些。

(3)流水冷却。将需冷却的物体直接用流动的自来水冷却。此方法适用于需快速冷却到室温的溶液。

(4)冰水冷却。将需冷却的物体直接放在冰水中。

(5)冰盐浴冷却。冰盐浴由盐和冰或冰水按一定比例配制而成。可将被冷却的物质冷却至0℃以下。所能达到的温度由冰盐的比例和盐的种类所决定。为了提高冰盐浴的效率,可选择绝热较好的容器,如暖瓶等。

## 3.4 蒸发与浓缩

当溶液很稀而所制备的化合物溶解度较大时,为了析出该物质的晶体,必须通过加热使溶剂蒸发、溶液浓缩。蒸发、浓缩一般在水浴上进行。如果溶液很稀,物质对热的稳定性又较好时,可先放在石棉网上直接加热蒸发,然后再放在水浴上加热蒸发。蒸发操作通常在蒸发皿内进行。蒸发皿的面积较大,有利于快速浓缩。蒸发皿内所盛液体的量不要超过其容积的2/3。蒸发应缓慢进行,不要加热至沸腾。蒸发过程中应不断搅拌拨下由于体积小而留于液面边缘以上的固体。蒸发到一定程度后,经冷却就可析出溶质的晶体。当物质的溶解度随温度变化较小时,必须蒸发到溶液表面出现晶膜,才能停止加热。有时需蒸发至稀糊状后经冷却才能析出结晶;当物质的溶解度随温度变化较大时,则不必蒸发到液面出现晶膜就可冷却。但不管哪种情况,都不能蒸干。

## 3.5 结晶与重结晶

### 3.5.1 结晶

晶体析出的过程称为结晶。在结晶时加入一小粒晶体(晶种)或搅拌溶液可加速晶体析出。析出晶体颗粒的大小取决于溶质的溶解度和结晶条件。如果溶液浓度较高,溶质的溶解度较小,快速冷却并加以搅拌则析出细小晶体。若溶液浓度不高,投入一小粒晶种后待溶液慢慢冷却,则得到较大的晶体。快速生成的细小晶体纯度较高,缓慢生成的较大晶体纯度较低。因为较大晶体的间隙易包裹母液或杂质,因而影响纯度。但晶体太小且大小不匀时,会形成黏稠状物质,夹带母液较多,也影响纯度。因此晶体颗粒大小适中且均匀才有利于得到纯度较高的晶体。

### 3.5.2　重结晶

第一次结晶后所得晶体的纯度不符合要求时可进行重结晶。重结晶是提纯固体化合物的常用方法之一。固体化合物在溶剂中的溶解度随温度变化而改变。一般温度升高溶解度增加,温度下降则溶解度降低。将第一次结晶所得晶体或待提纯物质溶解在热的溶剂中制成饱和溶液,然后冷却至室温或室温以下,则溶解度下降。原溶液成为饱和溶液。这时就会有固体结晶析出。利用溶剂对被提纯物质和杂质的溶解度的不同,使杂质在热过滤时被滤除或冷却后留在母液中与结晶分离,从而达到提纯的目的。

重结晶适用于提纯杂质含量在5%以下的固体化合物。杂质含量过多常会影响提纯效果,须经多次重结晶才能提纯。

重结晶的操作过程如下:

(1) 选择溶剂。正确地选择溶剂是重结晶操作的关键。选择溶剂时应注意以下几点:

1) 不与重结晶物质或待提纯物质发生化学反应;

2) 温度高时,重结晶物质或待提纯物质在溶剂中溶解度大;而温度低时溶解度很小;

3) 对杂质的溶解度非常大(留在母液中将其分离)或非常小(通过热过滤除去);

4) 溶剂的沸点不宜过低,也不宜过高。过低则溶解度改变不大,不易操作;过高则晶体表面的溶剂不易除去。因此应选择能够得到较好的结晶,容易与重结晶物质或待提纯物质分离的溶剂;

5）价格低、易回收、无毒性或毒性很小，安全、便于操作。

选择溶剂时可查阅化学手册或文献资料中的溶解度，根据"相似相溶"原理选择，也可通过实验方法确定。常用的重结晶溶剂有水、甲醇、乙醇、丙酮、苯、氯仿等。当重结晶物质或被提纯物质在一类溶剂中的溶解度太大，而在另一类溶剂中的溶解度又太小，不能选择到一种合适的溶剂时，可以用混合溶剂，即把对此物质溶解度很大的和溶解度很小的而又能互溶的两种溶剂混合起来，这样可获得良好的溶剂性能。常见的混合溶剂有乙醇-水等。

（2）热溶液的制备。向重结晶物质或待提纯的物质中一次性加入比计算量略多的溶剂，加热至微沸，调小热源，观察溶解情况。若仍有固体或油状物可分批加入溶剂并加热至沸，直至需重结晶物质或待提纯物质全部溶解。此过程要正确判断是否有不溶性杂质存在，以免做出错误判断而加入过多的溶剂。还要防止因溶剂挥发过多而把重结晶物质或待提纯物质视作不溶性物质。

如果选用有机溶剂进行重结晶，需安装回流装置。

在重结晶操作中，要得到较纯的产品和较高的回收率，必须十分注意溶剂的用量：当溶液中含有有色杂质时需用活性炭脱色，吸去一部分溶剂；热过滤时，因溶剂的挥发、温度下降使溶液变成过饱和，造成过滤时在滤纸上析出晶体；溶剂过量造成溶质的损失，这些都会影响"收率"，因此溶剂用量不能太多也不能太少，一般比需要量多15％～20％左右。

（3）活性炭脱色。上述制得的溶液若含有有色杂质，则可加入适量活性炭进行脱色。进行脱色操作时需注意：加入活性炭前，先将待重结晶物质或被提纯物质加热溶解在溶剂中，将溶液稍冷后，加入活性炭（切忌不能在沸腾的溶液中加入活性炭，以免引起爆沸，溶液溅出），搅拌，使其均匀分布在溶液中，再加热至微沸，保持5～10min，使其充分吸附，趁热过滤。活性炭的用量视杂质含量多少及溶液颜色深浅而定。通常情况下，加入量为待提纯物质量的1％～5％。加入量过多活性炭将吸附一部分纯产品，加入量过少，脱色效果不好，此时可补加活性炭，重复上述操作。

（4）热过滤。为了除去不溶性杂质必须趁热过滤。热过滤的方法已在固液分离中做过讲述,不同的是滤纸的折叠方法和注意事项。滤纸的折叠方法如图 3-8 所示。先将圆形滤纸对折成半圆形,再对折成圆形的四分之一,按数字大小顺序依次对折成图 3-8 $f$ 所示。折叠时在近滤纸中心不要折得太重,因为该处易破裂。

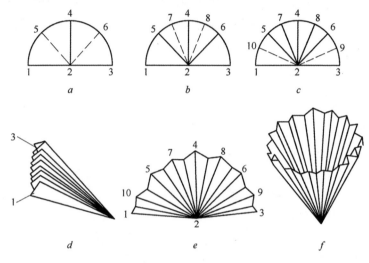

图 3-8 折叠滤纸的方法

过滤时将滤纸翻转,整理好放入漏斗中。滤纸的上沿应略低于漏斗,用热水漏斗过滤时,先在夹套内加入水,将漏斗用漏斗架固定。

水预先加热,水温依所用溶剂确定,一般适宜在所用溶剂的沸点左右。温度过高,会导致溶剂沸腾而产生大量挥发。使晶体析出,堵塞漏斗颈,使后面的过滤发生困难。将待过滤的溶液沿玻璃棒小心倒入漏斗中的折叠滤纸内,每次倒入后漏斗上要盖上表面皿,以减少溶剂挥发。全部滤完后,用少量热溶剂洗一下滤纸,但溶剂不宜过多。使用有机溶剂进行重结晶时,必须灭火过滤,以免明火引燃有机溶剂引起失火。饱和溶液的温度必须控制在被提纯物质的熔点以下。

(5)结晶。将热过滤后的溶液静置、冷却即可得到结晶。结晶的大小与冷却的温度有关。迅速冷却并搅拌会得到细小晶体。小晶体包含杂质少,但表面积大,吸附杂质较多,过滤时用少量溶剂洗涤损失也较多;慢慢自然冷却,析出结晶较大且均匀,可以得到较纯净的晶体。有时溶液已放冷至过饱和却仍未有晶体析出,可用玻璃棒摩擦器壁或投入一粒晶体作为晶种,促使晶体较快析出。

## 3.6　萃取

　　萃取是提取或提纯有机物的常用方法之一。其原理是利用待萃取物在两种互不相溶的溶剂中溶解度或分配比例的不同,使其从一种溶剂转移到另一种溶剂中而与杂质分离。利用萃取的上述特点,可有效地将由矿石获得的水溶液中的混合金属离子分开,再制取单独的金属。

　　实验室中进行萃取操作时所用的主要仪器是分液漏斗。在使用前,要先检查瓶口活塞及二通活塞与磨口是否匹配,否则操作时会发生漏液现象。然后取下活塞并擦干活塞与磨口。在二通活塞孔的两边各涂上薄薄一层润滑脂或凡士林油,参见图 2-17。塞好活塞并旋转数圈,使润滑脂或凡士林油均匀,然后放入已固定在铁架台上的铁圈中。具体操作如图 3-9 所示。

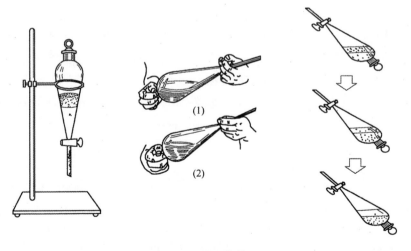

图 3-9　萃取操作

　　关好活塞,分别将含有待萃取物的溶液和萃取剂倒入分液漏斗中,塞好顶部活塞,再旋转一下,以免在后面操作中漏液。用一只手掌顶住漏斗顶部活塞并抓住漏斗,另一只手握住漏斗活塞部分,大拇指和食指握住活塞柄向内用力,中指垫在塞座旁边,无名指和小指在漏斗塞座另一边与中指一起夹住漏斗,手掌悬空。注意手掌不要去顶住活塞细的一端,以免把活塞顶出。摇动时将漏斗倾斜,使活塞部分向上,轻轻摇动一下,用握住活塞手的拇指和食指旋开活塞,放气。如不及时放气,塞子就有可能被顶出而造成漏液。剧烈摇动,放气后将漏斗放回铁圈中静置。

待分层清晰后,打开上部活塞,在分液漏斗下面放置一合适的容器,将活塞缓慢旋开,将下层液体放入容器中。开始时可稍微快些,当分层液面接近活塞时,减慢速度。上层液体必须由上面的漏斗口倒出,不可从活塞放出。以免被残留在漏斗颈中的下层液体沾污。

## 3.7　几种常用试纸的使用及制备

### 3.7.1　石蕊试纸和酚酞试纸

石蕊试纸有红色和蓝色两种。石蕊试纸、酚酞试纸用来定性检验溶液的酸碱性。使用时,用镊子取小块试纸放在表面皿边缘或点滴板上,用玻璃棒将待测溶液搅拌均匀,然后用玻璃棒末端沾少许溶液接触试纸,观察试纸颜色变化,确定溶液的酸碱性。注意不得将试纸浸入溶液中,以免弄脏溶液。制备酚酞试纸(白色)时,溶解 1g 酚酞在 100mL 乙醇中,摇匀后加入 100mL 蒸馏水,将滤纸浸渍后放在无氨蒸气处晾干。

### 3.7.2　pH 试纸

用来检验溶液的 pH 值。包括广泛 pH 试纸和精密 pH 试纸两种。广泛 pH 试纸的变色范围是 pH 值为 1~14,它只能粗略地估计溶液的 pH 值。精密 pH 试纸可以较精确地估计溶液的 pH 值。根据其变色范围可分为多种。如变色范围:pH 值为 0.5~5、pH 值为 3.8~5.4、pH 值为 8.2~10 等等。根据待测溶液的酸碱性可选用某一变色范围的试纸。使用方法与石蕊和酚酞试纸相同。待试纸变色后与色阶板比较,确定 pH 值或 pH 值的范围。

### 3.7.3 淀粉碘化钾试纸

用来定性检验氧化性气体如 $Cl_2$、$Br_2$ 等。当氧化性气体遇到湿的试纸后可将试纸上的 $I^-$ 氧化成 $I_2$，$I_2$ 立即与试纸上的淀粉作用变成蓝色：

$$2I^- + Cl_2 = 2Cl^- + I_2$$

如气体氧化性强而且浓度大时还可进一步将 $I_2$ 氧化成无色的 $IO_3^-$，使蓝色褪去。

$$I_2 + 5Cl_2 + 6H_2O = 2HIO_3 + 10HCl$$

使用时将小块试纸用蒸馏水润湿后放在试管口，不要使试纸直接接触溶液，仔细观察试纸颜色的变化。要注意节约，把试纸剪成小块，不要多取。取用后，马上盖好瓶盖以免试纸沾污。

制备淀粉碘化钾试纸可将 3g 淀粉和 25mL 水搅匀倾入 225mL 沸水中，加入 1g 碘化钾和 1g 无水碳酸钠，再用水稀释至 500mL。将滤纸浸泡后取出放在无氧化性气体处晾干。

### 3.7.4 醋酸铅试纸

用来定性检验硫化氢气体。当含有 $S^{2-}$ 的溶液被酸化时，逸出的硫化氢气体遇到试纸后，即与纸上的醋酸铅反应，生成黑色的硫化铅沉淀，使试纸呈褐色，并有金属光泽。

$$Pb(Ac)_2 + H_2S = PbS\downarrow + 2HAc$$

当溶液中 $S^{2-}$ 浓度较小时，则不易检验出。使用方法与淀粉碘化钾试纸相同。制备醋酸铅试纸时，只需将滤纸浸入 3% 醋酸铅溶液中，浸渍后放在无硫化氢气体处晾干。

# 4 实验室常用仪器

## 4.1 电子天平

电子天平是精确度高的电子称量仪器,可以精确地称量到 0.0001g。称量准确而迅速。电子天平型号很多。我们实验室使用的是 BS110S 型。其外形及控制面板如图 4-1 和图 4-2 所示。感量为 0.1mg,最大载荷为 110g。称量时通常只使用开/关键和除皮键。

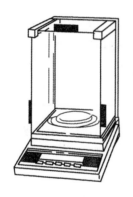

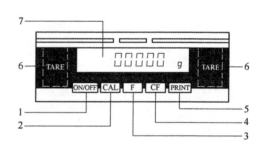

图 4-1　BS110S 型
电子天平外形

图 4-2　BS110S 型天平显示屏及控制板
1—开/关键;2—调整/校准键(CAL);3—功能键(F);
4—清除键(CF);5—打印键;6—除皮/调零键(TARE);
7—质量显示屏

为了达到理想的测量结果,电子天平在初次接通电源或者长时间断电之后,至少需要 30min 的预热时间。只有这样,天平才能达到所需要的工作温度。

### 4.1.1 使用方法

电子天平的开机、通电预热、校准均由实验室工作人员负责课前完成。首先检查水平仪(在天平后面),如不水平,应通过调节天平前边左、右两个水平支脚而使其达到水平状态。接通电源后,屏幕左下角显出一个"o",预热 30min 以上再称量。

具体操作步骤如下:

(1) 按一下开/关键,显示屏很快出现"0.0000g"。如果显示屏显示数字不正好是"0.0000g",则要按一下"TARE"键调零。学生只允许按"TARE"键,不要触动其他控制键。

(2) 将被称量物轻轻放在秤盘中央位置上,可见显示屏上的数字在不断变化,待数字稳定并出现质量单位"g"后,即可记录称量结果。

(3) 称量完毕,取下被称物,如果不久还要继续使用天平,应暂不按"开/关"键,天平将自动保持零位,或者按一下"开/关"键(但不可拔下电源插头),让天平处于待命状态,即显示屏上数字消失,左下角出现一个"o",再来称量时按一下"开/关"键即可使用。如果不再用天平,应拔下电源插头,盖上防尘罩。

## 4.1.2　注意事项

(1) 天平如果长时间未用过,或移动过位置,应进行一次校准。校准要在天平通电预热 30min 以后进行。程序是:调整水平,按下"开/关"键,显示稳定后如不为零则按一下"TARE"键,稳定地显示"0.0000g"后,按一下校准键(CAL),天平将自动进行校准,屏幕显示出"CAL",表示正在进行校准。10s 左右,"CAL"消失,表示校准完毕,应显示出"0.0000g",如果显示不正好为零,可按一下"TARE"键,然后即可进行称量。

(2) 由于电子天平的体积较小,质量较轻,容易被碰而造成位置及水平的改变,从而直接影响称量结果的准确性。所以使用时应特别注意动作要轻缓,防止开门及放置被称物时动作过重,时常检查水平状态是否正常并注意及时调整水平。

(3) 使用过程中应要避免可能影响天平示值变动性的各种因素如:空气对流、温度波动、容器不够干燥等。热的物体必须放在干燥器内冷却至室温后再进行称量。药品不能直接放在天平盘上称量。

## 4.2 离心机

离心机是用于沉淀离心分离的专用设备。离心分离是将装有待分离溶液的离心试管放入离心机内,通过离心机的高速旋转,在离心作用下,沉淀聚集于试管底部,使之达到沉淀与溶液快速分离的目的。常用的离心机有 80-2 型和 GT10-1 型。

### 4.2.1  80-2 型电动离心机

80-2 型电动离心机使用起来简单、方便易操作。其外形及结构如图 4-3 所示。

将离心试管放入离心机内,管内盛装的液体不能超过其容积的三分之二。如果被分离的样品只有一个,需在与其对称的位置放入一

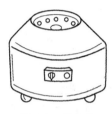

图 4-3  离心机

个盛有等体积水的离心试管,以保持离心机的转动平衡。接通电源,旋转开关,离心机就可进行工作了。注意在接通开关时不能直接将开关拨到转速较高的位置上,而应逐挡加速,慢开慢关。运转过程中如果发现反常的振动或响声,应立即关掉旋钮。查清原因后再重新开启旋钮。用毕,速度挡调到最低位置。

离心时间的长短和转速的高低由沉淀的性质决定。离心结束关闭开关后,应待其自然减速,不可以用手按住离心机的轴强制其停下,否则会损坏离心机或对手造成伤害。

### 4.2.2  GT10-1 型高速离心机

GT10-1 型高速离心机为无极调速,可连续工作 4h,最高转速达10000r/min。其工作面板如图 4-4 所示。

#### 4.2.2.1  使用方法

(1) 按住离心机右侧手扭,打开离心机上盖,对称装上已配平的试样(最大质量差不大于 3g),盖好机器上盖并锁住。

(2) 接通电源。将电源线接入单相(220V,10A)三线插座。

(3) 离心机通电。向上接电源开关,机器通电,电源指示灯亮,转速显示窗显示数字"000",时间显示窗显示数字"000"。

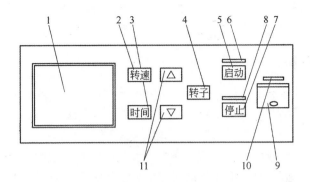

图 4-4 GT10-1 型高速离心机工作面板示意图

1—运转参数显示窗;2—转速键;3—时间键;4—转子键;5—启动键;6—启动灯;
7—停止键;8—停止灯;9—电源开关;10—电源指示灯;11—增减键

（4）设置转速。按住或点动加速器或减速器,根据需要设置相应转速。速度显示窗闪烁显示预置转速,3s 后自动显示实际转速,未按启动键时显示"000"。

（5）设置定时。按住或点动加时键或减时键,按要求设置定时时间。

（6）启动。按启动键启动,机器开始运转,启动灯亮,停止灯熄,经短时间后自动平稳的达到预置转速。当在运转中更改转速时,可按第（4）项重复操作。

（7）停机。时间显示窗倒计时显示"000",自动停机,停止灯亮、启动灯熄。当转速显示窗显示"000"时,机器发出鸣叫声,以示提醒。运转中需停机时则按停止键停止,停机,停止灯亮,启动灯熄。

### 4.2.2.2 注意事项

（1）当转速显示窗显示"000",同时机器发出鸣叫声后,方可开盖,取出试样。如下次继续分离同类样品,所需转速,定时相同时,重复使用方法中（5）～（6）的操作。

（2）运行完毕,向下按电源开关使机器处于断电状态,拔下电源线,擦拭机器。

（3）GT10-1 型高速离心机具有超速和失速保护及报警装置。当因错误设置转速或故障造成机器超速（不小于 13000r/min）或失速运转时,本机将自动停机并发出连续报警声,须按电源开关,使机器断电后再通电,方可重新设置,运行。如出现故障,停止使用。

## 4.3　酸度计

酸度计又称 pH 计。是用电动势法测定溶液 pH 值的常用电子仪器。它能准确测量各种溶液的 pH 值,也能测量电池的电动势(mV)。酸度计的型号有多种,如雷磁 25 型、pHS-2 型、pHSW-3D 型、pHS-2F 型等。各种型号的结构虽有所不同,但基本上都是由电极和电计两大部分组成。电极是 pH 计的检测部分,电计是指示部分。其工作原理都是利用指示电极、参比电极在不同 pH 值的溶液中产生不同的电动势而设计。下面分述。

### 4.3.1　雷磁 25 型 pH 计

雷磁 25 型 pH 计测量范围为 pH 值:$0 \sim 14$;mV 值:$0 \sim \pm 700 \text{mV}$,$700 \sim 1400 \text{mV}$,$-700 \sim -1400 \text{mV}$。精度为 pH 值:$\pm 0.1$;mV 值:在 $0 \sim \pm 700 \text{mV}$ 范围,小于 $11.2 \text{mV}$;在 $\pm 700 \sim \pm 1400 \text{mV}$ 范围,小于 $11.2/700 X \text{mV}$($X$ 为 $\pm 700 \sim \pm 1400 \text{mV}$ 范围内的读数)。雷磁 25 型 pH 计外形结构如图 4-5 所示。

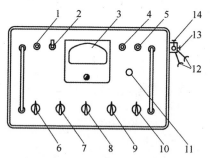

图 4-5　雷磁 25 型 pH 计外形结构示意图

1—指示灯;2—电源开关;3—指示电表;4—甘汞电极接线处;5—玻璃电极插空;
6—定位器;7—温度补偿器;8—"pH-mV"开关;9—量程选择开关;10—零点调节器;
11—读数开关;12—电极夹;13—紧固电极杆螺丝;14—紧固电极夹螺丝

雷磁 25 型 pH 计的两个工作电极即甘汞电极和玻璃电极与待测

溶液组成原电池,其中甘汞电极的电势固定不变,称参比电极;玻璃电极的电势随待测溶液的 pH 而变,称指示电极。测定原电池的电动势就可知道指示电极的电势,进而求算待测溶液的 pH 值。

甘汞电极(图 4-6)是由金属汞、甘汞($Hg_2Cl_2$)和氯化钾(KCl)溶液组成,它们的反应是:

$$Hg_2Cl_2 + 2e^- \rightleftharpoons 2Hg + 2Cl^-$$

其电极电势与溶液的 pH 值无关,与氯化钾溶液的浓度有关。饱和甘汞电极(用饱和 KCl 溶液)在 298K 的电极电势为 0.242V。

玻璃电极(图 4-7)的下端是一极薄的玻璃球泡,它是由特殊成分的玻璃吹制而成,球中有 0.1mol/L 盐酸溶液,内插入 Ag-AgCl 电极(内参比电极),把它插入待测溶液便组成一个电极。由于球内 $[H^+]$ 是固定的,该电极的电势随待测溶液 pH 值而变:

$$E_{玻} = E_{玻}^{\ominus} - 0.0591pH$$

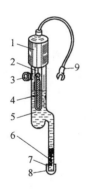

图 4-6　甘汞电极示意图

1—胶木帽;2—铂丝;3—小橡皮塞;4—汞、甘汞内部电极;5—饱和 KCl 溶液;6—KCl 晶体;7—陶瓷芯;8—橡皮帽;9—电极引线

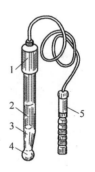

图 4-7　玻璃电极示意图

1—胶木帽;2—Ag-AgCl 电极;3—盐酸溶液;4—玻璃球泡;5—电极插头

将玻璃电极和甘汞电极一起插入待测溶液组成原电池,接上精密电位计,即可测得原电池的电动势:

$$E = E_+ - E_- = E_{甘汞} - E_{玻} = 0.242 - E_{玻}^{\ominus} + 0.0591pH$$

所以　　　　　　$pH = E - 0.242 + E_{玻}^{\ominus}/0.0591$

其中,$E_{玻}^{\ominus}$ 可以由测定一个已知 pH 值的缓冲溶液的电动势求得。

当测定标准缓冲溶液时,利用定位器把读数调整到已知 pH 值(称定位或校正),在测量未知溶液时,从 pH 计上就可直接读出pH 值。

### 4.3.1.1　使用方法

(1) 安装电极。把玻璃电极、甘汞电极的胶木帽分别夹在电极夹上,并使玻璃电极下端的球泡比甘汞电极的陶瓷芯稍高一些,以免在下移电极或摇动溶液时碰破球泡。玻璃电极的插头插入电极插口内,并将小螺丝旋紧,甘汞电极的引线接在接线柱上。

(2) 定位调节:

1) 接上电源,打开电源开关,指示灯亮,将仪器预热 30min。

2) 将"pH-mV"开关旋到 pH 位置。

3) 将标准缓冲溶液倒入烧杯。调整电极夹螺丝,使玻璃电极的球泡部分、甘汞电极的陶瓷芯端全部浸入溶液,轻轻摇动烧杯使溶液均匀。

4) 将温度补偿器旋钮旋至溶液的温度。

5) 将 pH 量程选择开关旋至所测定缓冲溶液的 pH 值范围。

6) 调节零点调节器,使指针位于 pH = 7 处。

7) 按下读数开关,调节定位器使指针在标准缓冲溶液的 pH 值处,放松读数开关,指针应回到"7"处。若有变动,再调节零点调节器,重复 6)、7)两步,使按下读数开关时指针对准已知 pH 值位置,放松读数开关则指针指在"7"处,此时仪器已校正好,定位调节器不能再动,否则必须重新校正。

(3) 测量 pH 值:

1) 校正结束后,取出电极,用蒸馏水冲洗几次,用滤纸或吸水纸吸干电极上水滴,将其浸入待测溶液,轻轻摇动烧杯使溶液均匀。

2) 被测溶液的温度要与标准缓冲溶液相同,否则需调节温度补偿器旋钮到被测溶液的温度。

3) 按下读数开关,指针所指读数即为待测溶液的 pH 值。

4) 重复读数,待读数稳定后,先放开读数开关,再移走溶液,用蒸馏水冲洗电极,擦干备用。

5) 测量结束后,将玻璃电极浸在蒸馏水中,将甘汞电极套上橡皮塞、橡皮帽,以防水分蒸发。关上电源开关,将量程选择开关旋至"0"处。

### 4.3.1.2 注意事项

（1）每测一种溶液之前，均需冲洗电极并吸干电极表面的水滴。防止污染被测溶液，影响测定结果。

（2）玻璃电极下端的球泡极薄，安装时底部要略高于甘汞电极底部，以免损坏。

（3）玻璃电极在使用前要在蒸馏水中浸泡 24h 以上，或在 0.1mol/L 盐酸溶液中浸泡 12～14h。测量完毕，电极也要浸泡在蒸馏水中，以便随时使用。

（4）测定碱性溶液的 pH 值时，操作要迅速，结束后要立即用水冲洗电极，并将其放置于蒸馏水中，以免碱性溶液腐蚀玻璃。

（5）测量完毕后，必须先放开读数开关，再移去溶液。否则会造成指针严重摆动，影响以后测量的准确度。

### 4.3.2 pHS-2F 型数字酸度计

pHS-2F 型数字酸度计其测量范围 pH 值为 0.00～14.00pH；电压值为 0～±1999mV；测量温度在 273～373K 范围内。其测量精度为 pH 值 0.01；mV 值 1mV；T 值 0.1K。其外形结构如图 4-8 所示。

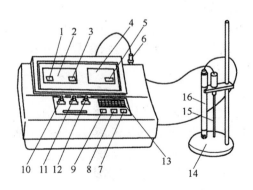

图 4-8  pHS-2F 型 pH 计外形结构

1—pH 指示灯；2—pH 值及 mV 值显示屏；3—mV 指示灯；4—温度显示屏；5—温度指示灯；

6—pH 电极插座；7—温度轻触开关；8—"mV"轻触开关；9—"pH"轻触开关；

10—定位调节器；11—斜率调节器；12—温度补偿调节器；13—缓冲溶液 pH 值表格；

14—电极架；15—温度电极；16—pH 电极

4.3.2.1　使用方法

（1）开机前准备：

1）将电极梗旋入电极梗插座，调节电极夹到适当位置；

2）将复合电极夹在电极夹上拉下电极前端的电极套；

3）拉下橡皮套，露出复合电极上端小孔；

4）用蒸馏水清洗电极。

（2）开机：

1）电源线插入电源插座；

2）按下电源开关，电源接通后，预热 30min，再进行标定。

（3）标定。一般情况下，仪器在连续使用时，每天要标定一次。

1）在测量电极插座处拔去短路插头；

2）在测量电极插座处插上复合电极；

3）如不用复合电极，则在测量电极插座处插上电极转换器的插头；玻璃电极插头插入转换器插座处；参比电极接入参比电极接口处；

4）把选择开关旋钮调到"pH"挡；

5）调节温度补偿旋钮，使旋钮白线对准溶液温度值；

6）把斜率调节旋钮顺时针旋到底（即调到 100% 位置）；

7）把用蒸馏水清洗过的电极插入 pH = 6.86 的缓冲溶液中；

8）调节定位调节旋钮，使仪器显示读数与该缓冲溶液当时温度下的 pH 值相一致（如用混合磷酸盐定位温度为 10℃ 时，pH = 6.92）；

9）用蒸馏水清洗电极，再插入 pH = 4.00（或 pH = 9.18）的标准缓冲溶液中，调节斜率旋钮使仪器显示读数与该缓冲液中当时温度的 pH 值一致；

10）重复 7）～9），直至不用再调节定位或斜率两调节旋钮为止，仪器完成标定。注意：

经标定后，定位调节旋钮及斜率调节旋钮不应再有变动。

标定的缓冲溶液第一次应用 pH = 6.86 的溶液，第二次应用接近被测溶液 pH 值的缓冲液，如被测溶液为酸性时，缓冲溶液应选 pH = 4.00；如被测溶液为碱性时则选 pH = 9.18 的缓冲溶液。

（4）测量 pH 值。经标定过的仪器即可用来测量被测溶液,被测溶液与标定溶液温度不同测量步骤也有所不同。

1）被测溶液与定位溶液温度相同时,测量步骤如下：

① 用蒸馏水清洗电极头部,用被测溶液清洗一次；

② 把电极浸入被测溶液中,用玻璃棒搅拌溶液使溶液均匀,在显示屏上读出溶液的 pH 值。

2）被测溶液和定位溶液温度不同时,测量步骤如下：

① 用蒸馏水清洗电极头部,用被测溶液清洗一次；

② 用温度计测出被测溶液的温度值；

③ 调节"温度"调节旋钮,使白线对准被测溶液的温度值；

④ 把电极插入被测溶液内,用玻璃棒搅拌溶液,使溶液均匀后读出该溶液的 pH 值。

（5）电极使用及维护的注意事项：

1）电极在测量前必须用已知 pH 值的标准缓冲溶液进行定位校准,其值愈接近被测值愈好。

2）取下电极套后,应避免电极的敏感玻璃泡与硬物接触,因为任何破损或擦毛都使电极失效。

3）测量后,及时将电极保护套套上,套内应放少量外参比补充液以保持电极球泡的湿润。切忌浸泡在蒸馏水中。

4）复合电极的外参比补充液为 3mol/L 氯化钾溶液,补充液可以从电极上端小孔加入,复合电极不使用时,拉上橡皮套,防止补充液干涸。

5）电极的引出端必须清洁干燥,防止输出两端短路导致测量失准或失效。

6）电极要与输入阻抗较高的 pH 计(不小于 $10^{12}\,\Omega$)配套,以使其保持良好的特性。

7）电极应避免长期浸在蒸馏水、蛋白质溶液和酸性氟化物溶液中。

8）电极避免与有机硅油接触。

9）电极经长期使用后,如发现斜率略有降低,可把电极下端浸泡在 4％HF(氢氟酸)中 3～5s,用蒸馏水洗净,然后在 0.1mol/L 盐酸溶液中浸泡,使之复新。

10) 被测溶液中如含有易污染敏感球泡或堵塞液接界的物质而使电极钝化,会出现斜率降低现象,显示读数不准。如发生该现象,则应根据污染物质的性质,用适当溶液清洗,使电极复新。

## 4.4　气压计

　　测定大气压力的仪器称为气压计。常见的气压计有动槽式和定槽式两种。我们使用的是福廷式水银气压计,是动槽式气压计的一种,如图 4-9 所示。

　　福廷式水银气压计是以水银柱平衡大气压力,水银柱的高度即表示大气压力的大小。其主要结构是一根一端密封的玻璃管,里面装水银,开口的一端插入水银槽内,玻璃管外面套有黄铜管,黄铜管上部刻有刻度并开有长方形小窗,用来观察水银面的位置,窗前有游标尺。玻璃管顶部水银面以上的空室是真空的。水银槽顶有一倒置的象牙针,针尖是黄铜管上标尺刻度的零点。读数时,平视水银凸面处,旋转游标尺调节手柄使游标尺零线基面与水银柱弯月面相切。

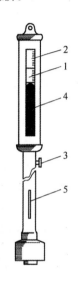

图 4-9　福廷式气压计
1—游标尺;2—刻度标尺;
3—游标尺调节手柄;
4—水银柱;5—温度计

　　读数时按以下步骤进行:

　　(1) 读取温度。可从气压计所附温度计上直接读取。

　　(2) 调节水银槽中水银面的高度。慢慢旋转底部的调节手柄,使水银面与象牙针尖刚好接触。

　　(3) 调节游标尺。转动调节游标旋钮使游标尺的下沿略高于水银面,然后慢慢下降,直至游标尺下沿与水银弯月面相切。

　　(4) 读数。按游标尺零点所对黄铜标尺的刻度读出大气压力的整数部分。小数部分的读数由游标尺来决定,即从游标尺上找到正好与黄铜标尺上某一读数相吻合的刻度线,此读数即为大气压力的小数部分。

## 4.5　分光光度计

　　分光光度计有 72 型、721 型、722 型、752 型等。其工作原理都是一样的,只是在波长范围、波长精度、透光率、吸光度的测量范围以及显示方式上有所不同。实验室常用的是 721 型和 722 型分光光度计。

### 4.5.1　721 型分光光度计

　　721 型分光光度计基本构造及工作面板如图 4-10 和图 4-11 所示。

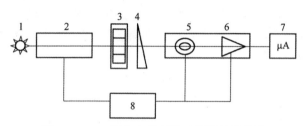

图 4-10　721 型分光光度计工作原理示意图
1—光源;2—单色光器;3—比色;4—光量调节;5—光电管;6—增大器;7—微安表;8—稳压器

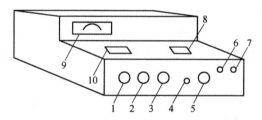

图 4-11　721 型分光光度计控制面板示意图
1—波长调节;2—零点调节;3—光量调节(100%);4—比色皿定位拉杆;5—灵敏度;
6—开关;7—指示灯;8—比色皿暗盒;9—读数表;10—波长示孔

#### 4.5.1.1　使用方法

　　(1) 先检查读数表指针是否位于"0"刻度线上,若不在"0",可调读数表上的校正螺栓使其位于零处。

　　(2) 接好电源线路,打开稳压开关。待电压稳定至 220V 时,打开分光光度计开关,指示灯亮。打开比色皿暗盒盒盖,预热 20min。

　　(3) 转动波长调节器,从波长示孔处观察,调至所用单色光的波长。

　　(4) 调节零点调节旋钮,使读数表指针重新处于零位。

（5）依次放入已准备好的 4 只比色皿,其中一只为参比溶液。打开暗盒盖,并将参比溶液放于空白校正位置,调节"0"旋钮,使指针指到"0"处。选择适当灵敏度挡(灵敏度有五挡,一般用最低挡,若用低挡指针调不到 100％处时,需先将光量调节旋钮回转后,再将灵敏度挡调高,以免指针猛烈偏转而受损),盖上比色皿暗盒盖,使光路通过参比溶液。转动光量调节旋钮(顺时针旋转,指针向刻度增加的方向移动,逆时针旋转则相反),使读数表指针指在 100％处。

（6）再打开比色皿暗盒盖,看指针是否指"0",如不指"0",则再次调节"0"旋钮,然后再调 100％旋钮。经数次调节,直到打开暗盒盖,指针能准确指 0,盖上暗盒盖,指针能准确指"100％"为止。此时,仪器校正完毕,可进行测定。

（7）测定。将比色皿定位器向外拉出一格,使 1 号待测溶液进入光路,并从读数表读出溶液的吸光度 A。然后依次测定 2 号、3 号溶液。再校准一次"0"及"100％",重复一次读数。读毕及时将暗盒盖打开。

（8）测定结束后将盛有溶液的比色皿取出,清洗干净备用。盖好暗盒盖,罩上仪器罩。全部测定结束后,关掉电源开关,拔下电源插头。

### 4.5.1.2　注意事项

（1）仪器不能连续使用 2h 以上,如必须连续工作,需间歇 0.5h。

（2）使用过程中,吸光度测定结束后,需及时打开比色皿暗盒盖,使光电管处于遮光位置,延长使用寿命。

（3）测定时比色皿要先用蒸馏水冲洗,再用被测溶液洗 3 次,以免改变被测溶液的浓度。

（4）溶液装入比色皿后,要用擦镜纸或滤纸条擦干比色皿外部,擦时要注意保护透光面,拿比色皿时,只能捏住毛玻璃的两边。

（5）比色皿放入比色皿架内时,应注意它们的位置,尽量使它们前后一致,否则容易产生误差。

（6）仪器不能受潮,应及时更换单色光器及光电盒内的防潮硅胶。

（7）搬动仪器时,要把读数表短路,即把灵敏度挡拨在最小位置。

## 4.5.2　722 型光栅分光光度计

722 型分光光度计是在 72 型的基础上改进而成,采用衍射光栅取得单色光,以光电管为光电转换元件,用数字显示器直接显示测定数据,因而它的波长范围比72型宽,灵敏度提高,使用方便。其光学系统示意图及仪器外观如图4-12和图4-13所示。

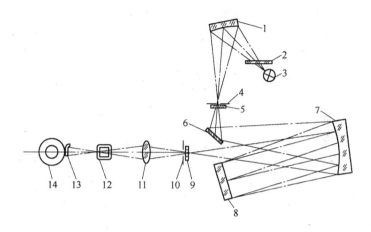

图 4-12 722 型光栅分光光度计光学系统

1—聚光镜;2—滤光片;3—钨灯;4—进狭缝;5—保护玻璃;6—反射镜门;7—准直镜;
8—光栅;9—保护玻璃;10—出狭缝;11—聚光镜;12—试样;13—光门;14—光电管

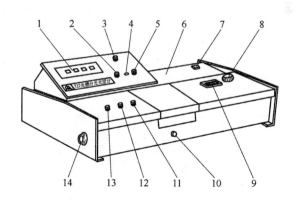

图 4-13 722 型分光光度计外形

1—数字显示器;2—吸光度调零旋钮;3—选择开关;4—吸光度调斜率电位器;
5—浓度旋钮;6—光源室;7—电源开关;8—波长手轮;9—波长刻度窗;10—试样架拉手;
11—100%T旋钮;12—0%T旋钮;13—灵敏度调节旋钮;14—干燥器

### 4.5.2.1　使用方法

（1）检查仪器的安全性，电源线及接地是否良好，各个调节旋钮是否处于起始位置，接通电源开关。

（2）调节灵敏度旋钮至放大倍率最小的"1"挡。开启电源开关，指示灯亮，将选择开关置于"T"处，波长调至使用波长，仪器预热20min。

（3）打开试样室盖，光门自动关闭。调节"0"旋钮，使数字显示"0.00"。盖上试样室盖，光门自动打开。将比色皿架处于蒸馏水校正位，使光电管受光，调节透过率"100％"旋钮，使数字显示"100.0"。连续调节"0"和"100％"旋钮直至仪器稳定，即可进行测定工作。

（4）如果在上一步的调节过程中，仪器显示不到"100.0"，则可调节灵敏度旋钮至放大倍率"2"挡处，重新按步骤（3）校正"0"和"100％"。

（5）测量吸光度时，将选择开关置于"A"处，调节吸光度调零旋钮，使数字显示"00.0"，再将被测试样移入光路，显示值即为被测试样的吸光度值。

（6）测量浓度时，将选择开关由"A"旋转至"c"，将已标定浓度的试样移入光路，调节浓度旋钮，使数字显示值为标定值，再将被测试样移入光路，即可读出被测试样的浓度值。

（7）测定结束后将盛有溶液的比色皿取出，清洗干净备用。盖好暗盒盖，罩上仪器罩。全部测定结束后，关掉电源开关，拔下电源插头。

### 4.5.2.2　注意事项

（1）灵敏度调节旋钮尽可能置于低挡使用，使仪器有更高的稳定性。

（2）如果大幅度改变测试波长，在调节"0"和"100％"后要稍等片刻，待稳定后重新调整"0"和"100％"才可工作。

（3）每台仪器所配套的比色皿，不得与其他仪器上的比色皿调换。

（4）仪器工作数月或搬动后，要检查波长精度和吸光度精度等，以确保仪器的使用和测定精度。

（5）其他注意事项同721型分光光度计。

## 4.6 紫外可见分光光度计

紫外可见分光光度计是利用一定频率的紫外——可见光照射被分析的物质,引起分子中价电子的跃迁,通过该物质对紫外——可见光的有选择地吸收,产生一组吸收随波长而变化的光谱而反映试样的特征。在紫外可见光的范围内,对于一个特定的波长,吸收的程度正比于试样中该成分的浓度,因此测量光谱不仅可以进行定性分析,而且根据吸收与已知浓度的标样的比较,还能进行定量分析。我们实验室使用的是 TU-1900 紫外可见分光光度计。

TU-1900 紫外可见分光光度计测定的波长范围是 190～900nm,可测定吸光度、透光率、能量等,还可以根据数据计算样品的浓度、定量测定中的标准偏差值、定量测定中的相对标准偏差值、标准曲线相关性等。

### 4.6.1 使用方法

(1) 开机:打开稳压电源,等待 5～10s,稳压电源稳定后依次打开打印机、计算机,等待计算机正常进入到桌面后,再打开仪器主机电源,预热 0.5h。

(2) 仪器初始化:打开仪器主机电源后,确定样品池内没有挡光物(干燥袋或比色皿等)。双击桌面的"紫外软件"图标,(或点击"开始"菜单,选择"程序",找到"Uvwin5 紫外软件",选择"Uvwin5 紫外软件");等待仪器进行初始化,每一项检查"正确"后进行测量。

(3) 测量

1) 正确放入比色皿:TU-1900 仪器是双光束分光光度计,要在两个样品池内都放入空白溶液(或参比溶液)进行空白校正。然后只取出外侧的比色皿,放入测量的样品进行读数。

2) 选择测量功能:根据需要在"工作室"内选择所需要的测量方式。

① 光度测量:在指定的波长处读取数据。即通常所说的定点读数。在 Uvwin5 中,可以指定多个波长点进行光度测量,并且还可以对测量数据进行简单的数学计算。

② 光谱扫描：指按照一定的波长间隔，对某个波段范围进行扫描。在扫描过程中，波长每变化一次，就读取一次测量数据，并将测量数据以二维图形的方式进行显示，从而进行进一步的分析与研究。对主要测量样品的图谱做定性分析，即寻找测量样品的最大吸收峰。

③ 定量测定：是用待测样品的测量值与标准样品的测量值进行比对，最后计算出待测样品的浓度值的一种测定方法。定量测定可分为单波长定量、双波长定量、三波长定量、一次微分定量、二次微分定量、三次微分定量等诸多的测量方法。

④ 时间扫描：是指按照一定的时间间隔，连续进行采样，并将采样数据以图形的方式进行显示的一种测量方法。此方法主要用于观察样品随时间的变化趋势也称动力学测量。

3) 设置参数：选择好测量方式后，直接按 F4,（或点击"测量"，在下拉菜单中选择"参数设置"）进入参数设置界面。设置测量波长范围、扫描速度、扫描间隔和光度模式等。设置完成后单击"确定"，完成设置。

4) 空白校正：正确放入空白溶液后，点击"校零"（在光谱扫描功能下是"基线"）键进行空白校正。

5) 读数：空白校正完成后，正确放入样品，点击"开始"键（或按 F9)进行测量。

（4）完成：测量完成后根据需要保存或打印测量数据。退出紫外程序后如果不保存数据将清除。

（5）关机：一定要取出样品池内的所有比色皿，关闭 Uvwin5 紫外软件。退出紫外操作系统后，依次关掉主机、计算机、打印机电源。最后关闭稳压电源。

### 4.6.2  注意事项

（1）样品池内侧的参比溶液在测量中不能取出，除非空白溶液改变或测量波长改变才可拿出重新进行空白校正。

（2）采用光谱扫描测定样品时，扫描速度尽量采用中速或慢速，使测定和读数同步。采样间隔根据需要的精度进行调整。

（3）测定结束后，默认的数据存储形式只能在紫外操作系统中打开。如果需要使用 origin 软件打开,需将测定数据导出,导成 ASCII 简单文本格式。

（4）仪器默认狭缝均设置为 2nm。

## 4.7　倒置式三目金相显微镜

金相显微镜用于鉴别和分析各种金属、合金材料和非金属材料的组织结构,广泛应用于工厂或实验室进行原材料检验,铸件质量鉴定或材料处理后的金相组织分析,以及对表面裂纹和喷涂等一些表面现象进行研究工作。是钢铁、有色金属材料、铸件、镀层的金相分析,地质学的岩相分析,以及工业领域对化合物、陶瓷等进行微观研究的有效手段,是金属学和材料学研究材料组织结构的必备仪器,也是集成电路和微颗粒、线材、纤维、表面喷涂等行业进行微观研究的有效手段。4XC 金相量微镜如图 4-14 所示。

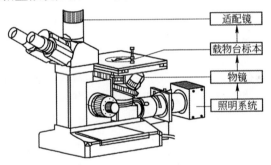

图 4-14　4XC 金相显微镜

### 4.7.1　使用方法

（1）接通电源,旋转底部拨盘开亮灯源,调节可变电位器拨盘,可连续改变光源亮度。

（2）将物镜安装在转换器上。

（3）双筒目镜镜管口中插入 10X 目镜。

（4）转动粗调手轮及微调手轮进行调焦,直到所观察的影像清晰为止。

### 4.7.2　注意事项

（1）显微镜不论在使用或者存放时都要避免与灰尘、潮湿、过冷、过热或含有酸碱性蒸气的环境接触。

（2）不可将化学品放在显微镜附近,更不可在显微镜存放器中放置化学品(干燥剂除外)。

（3）透镜表面若有污秽时,可用清洁的脱脂棉蘸取少许乙醚酒精混合剂轻轻揩拭。

（4）显微镜镜筒内的灰尘可用清洁的吸耳球吹掉。

（5）仪器长期使用后,滑动部分可能发生油脂不足或干涸现象,此时应注意及时添加润滑脂,所用油脂要黏度适当,避免酸性。

（6）显微镜上的物镜和目镜不用时,应存放在带有干燥剂的密封容器内,而在仪器转换器上应旋上物镜螺孔盖,双筒目镜管上套上目镜管罩盖。

## 4.8　HCT 差热天平

HCT 系列微机差热仪为微机化的 TG-DTA 分析仪(HCT-1 型为中温型,HCT-2 型为高温型),它可以对微量试样进行差热分析。

主要技术指标有以下几项,温度范围:HCT-1 型为室温～1150℃,HCT-2 型为室温～1450℃,调温速度:$0.1～80℃/min$,差热量程:$±10～±1000\mu V$,坩埚容积:$0.06mL$,本实验室使用的是 HCT-2 型差热分析仪。

### 4.8.1　使用方法

（1）操作前先开冷却水并保证水流通畅,然后打开电源预热0.5h。

（2）称量样品,一般样品重量在 5mg 左右。试样一般用 $0.053～0.147mm$ 的粉末,聚合物可切成碎片,纤维状试样可截成小段或绕成小球,金属试样可加工成碎块或小粒,试样量一般不超过坩埚容积的2/3,对于加热时发泡的试样不超过坩埚容积的 1/2,或用氧化铝粉沫稀释,以防止发泡时溢出坩埚,污染热电偶。坩埚装样后,在桌面上轻墩几下。

（3）轻轻抬起炉子，以左手为中心，右手逆时针轻轻旋转炉子。双手用力均匀。左手轻扶炉子上，用左手拇指担着右手拇指，防止右手抖动。用右手把参比物放在左边托盘，测试样品放在右边托盘上。轻轻放下炉体，如果没有放下炉子，在实验时会把加热炉烧断。

（4）在计算机上运行"热分析系统"软件，点击"设置"，点击"基本测量参数"。出现对话框后，"DTA 量程"改为 50；"TG 量程"改为 10；"DTG 量程"改为 2；"温度轴最大值"改为 1200，高温样品可改为 1400，点击"确定"。

（5）开始做实验时，放下炉子后，应稳定 5min 左右开始进行数据采集（保证炉膛温度均匀）。点击"新采集"填写对话框里试样名称、序号、试样重量（测定热重需要）、操作人员姓名。进行温度设置，步骤如下：

1）点击增加，弹出"阶梯升温-参数设置"，填写升温速率，终值温度，保温时间，设置完毕点击确定按钮。

2）继续点击增加按钮，进行上面设置，采集过程将根据每次设置的参数进行阶梯升温。

3）可修改每个阶梯设置的参数值，光标放到要修改的参数上，单击左键，参数行变蓝，左键点击修改按钮，弹出次阶梯升温参数，修改完毕，点击确定按钮。

4）设置完以上参数，点击"新采集-参数设置对话框"的确定按钮系统进入采集状态。

（6）测定结束后，系统会自动停止运行。可点击鼠标右键，选择"差热曲线分析 DTA"、"热重分析 TG"进行分析。选择峰的前端比较平滑处，双击鼠标左键。再选择峰的后端平滑处，双击鼠标左键，然后将数据保存在相应位置。

（7）实验结束后，继续通冷凝水 30min 左右。如果需要继续测量，需要先将炉体冷却至室温左右。

### 4.8.2 注意事项

（1）做实验时，放完药品后，炉子一定要向下放好，如没有放下炉子,在实验时会把加热炉烧断。

（2）做实验前先打开电源。

（3）通冷却水,保证水畅通。

（4）参比物放支撑杆左侧,测量物放右侧。

（5）每次升温,炉子应冷却到室温左右。

（6）开始做实验时,放下炉子后应稳定 5min 左右开始进行数据采集（保证炉膛温度均匀）。

（7）升温过程中如果出现异常情况,应先关闭仪器电源。

（8）实验结束后应继续通冷却水 30min 左右。

（9）测试过程中突然断水,应立即切断电源,并将加热套移开冷却。

## 4.9　电化学分析仪使用说明及注意事项

CHI600B 系列电化学分析仪/工作站为通用电化学测量系统。内含快速数字信号发生器,高速数据采集系统,电位电流信号滤波器,多级信号增益、iR 降补偿电路,以及恒电位仪/恒电流仪。电位范围为 ±10V,电流范围为 ±250mA。电流测量下限低于 50pA。可直接用于超微电极上的稳态电流测量。CHI600B 系列仪器集成了几乎所有常用的电化学测量技术,包括恒电位,恒电流,电位扫描,电流扫描,电位阶跃,电流阶跃,脉冲,方波,交流伏安法,流体力学调制伏安法,库仑法,电位法,以及交流阻抗等等。不同实验技术间的切换十分方便。实验参数的设定是提示性的,可避免漏设和错设。

### 4.9.1　使用方法

（1）打开电源和仪器开关,预热 10min。

（2）将电极夹头夹到实际电解池上,红色与对电极连接,绿色与工作电极连接,白色与参比电极连接。

（3）设定实验技术和参数（电位及灵敏度等）。

（4）如果实验过程中发现电流溢出（经常表现为电流突然成为一水平直线或得到警告）,可停止实验,在参数设定命令中重设灵敏度.灵敏度的设置以尽可能灵敏而又不溢出为准。

(5) 实验结束后,可执行工具栏中的 Graphics 菜单中的 Present Data Plot 命令进行数据显示。

(6) 保存数据,可执行 File 菜单中的 Save As 命令。用户需要输入文件名,即保存为扩展名".bin"的文件。

(7) 数据转换,打开要转换的文件,选择 File 菜单中的转换为文本的命令,选择要转换的文件,单击打开,则文件转换为记事本格式,再用 excel 打开,将数据转换到 excel 中,选择数据用 origin 作图。

## 4.9.2　注意事项

(1) 仪器的电源应采用单相三线,其中地线应与大地连接良好。地线的作用不但可起到机壳屏蔽以降低噪声,而且也是为了安全,不致由漏电而引起触电。仪器不宜时开时关,但晚上离开实验室时建议关机。

(2) 使用温度 15～28℃,此温度范围外也能工作,但会造成漂移和影响仪器寿命。

(3) 电极夹头长时间使用造成脱落,可自行焊接,但注意夹头不要和同轴电缆外面一层网状的屏蔽层短路。

(4) CHI600B 的后面装有散热风扇。风扇是机械运动装置,有时仪器刚打开时会产生较大的噪声,可关掉电源再打开。如果该噪声仍存在,可让仪器再开一会,过一段时间能回复正常。风扇噪声不会造成仪器损坏。

(5) 提高仪器信噪比的办法可以增加采样间隔(或降低采样频率)。信噪比和采样时间的根号成正比.如果采样时间是工频噪声源的整数倍时,对工频干扰可有很好的效果,例如采用 0.1 秒的采样间隔(5 倍于工频周期)或采用 0.01V/s 的扫描速度。

# 5 实 验

## 5.1 重要元素及化合物性质实验

### 实验 1 主族元素化合物的性质

**一、目的**

（1）了解硼、碳、硅化合物的性质。

（2）了解锡、铅、锑、铋化合物的性质。

（3）了解卤族元素化合物的性质。

（4）了解硫的化合物的性质。

（5）了解氮的化合物的性质。

**二、预习**

（1）熟悉硼酸和硼砂的重要性质,碳酸盐热稳定性,硅酸钠的水解性和硅酸凝胶的形成条件。

（2）熟悉锡、铅、锑、铋氢氧化物的酸碱性;低氧化态化合物的还原性;高氧化态化合物的氧化性;盐类的水解;硫化物等难溶盐的性质。

（3）卤化氢的还原性。

（4）硝酸盐的热分解性以及亚硝酸盐的氧化还原性。

**三、思考题**

（1）硅酸钠与盐酸、二氧化碳或氯化铵作用都能形成硅酸凝胶,写出化学反应方程式。

（2）如何配制 $SnCl_2$ 溶液?

**四、实验用品**

1. 仪器和材料

性质实验常用仪器,离心机,碘化钾淀粉试纸,pH 试纸,$Pb(Ac)_2$ 试纸,镍铬丝,带胶塞导管。

## 2. 药品

液体药品：$H_2SO_4$（1mol/L，2mol/L，浓），HCl（2mol/L，6mol/L，浓），$HNO_3$（2mol/L，6mol/L），NaOH（2mol/L），$Na_2CO_3$（0.1mol/L），$NaHCO_3$（0.1mol/L），$Na_2SiO_3$（0.5mol/L，20％），$SnCl_2$（0.1mol/L），$Pb(NO_3)_2$（0.1mol/L），$SbCl_3$（0.1mol/L），$Bi(NO_3)_3$（0.1mol/L），$MnSO_4$（0.1mol/L），KI（0.2mol/L），$K_2CrO_4$（0.1mol/L），$Na_2S$（0.5mol/L），$NaNO_2$（0.5mol/L），$KMnO_4$（0.2mol/L），饱和石灰水，饱和 $NH_4Cl$，浓甲酸。

固体药品：$Co(NO_3)_2$，$CrCl_3$，$Cu_2(OH)_2CO_3$，$NaHCO_3$，$CaCl_2$，$CuSO_4$，$ZnSO_4$，$FeCl_3$，NaCl，NaBr，NaI，$Na_2CO_3$，$NiSO_4$，$PbO_2$，$NaBiO_3$，$SnCl_2$，$SbCl_3$，$BiCl_3$，$KNO_3$，$Pb(NO_3)_2$，$AgNO_3$，石灰石，铝粉，硫粉。

**五、实验**（解释实验现象并写出有关反应式）

### 1. 制备

（1）"水中花园"试验。在 50mL 烧杯中加入 20％的 $Na_2SiO_3$ 溶液约 30mL，然后分别加入固体 $CaCl_2$，$CuSO_4$，$ZnSO_4$，$FeCl_3$，$Co(NO_3)_2$ 和 $NiSO_4$ 各一小粒，静置 1～2h，观察"石笋"的生成。

（2）硫化铝的制备。混合 0.25g 铝粉、1g 硫粉。把混合物放在坩埚中，在上面覆盖 0.25g 铝粉，盖上盖子。加热使其反应，直到坩埚炽热为止。由于反应剧烈，并放出大量热，在反应过程中，不要打开坩埚盖去直视反应，以免伤害眼睛。冷却，打开盖子，观察反应物的颜色和状态。

取少量产物放入水中，观察现象，检验气体。

（3）一氧化碳的制备。如图 5-1 所示装配仪器。在洗气瓶内装 2mol/L NaOH 溶液，烧杯中注入 4mL 浓甲酸，由分液漏斗向烧瓶内滴入 5mL

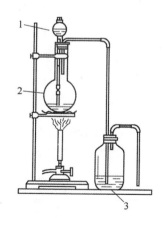

图 5-1 制备 CO 装置

1—分液漏斗；2—烧瓶；3—洗气瓶

浓$H_2SO_4$,加热,则有气体产生。

将气体点燃,观察火焰颜色,将气体通入 $Ag(NH_3)_2^+$ 溶液中,观察产物的颜色和状态。

(4) 硼砂珠实验:

1) 镍铬丝的清洁处理。在一支试管中,加入 6mol/L 的 HCl 约 2mL,将镍铬丝置于氧化焰中灼烧片刻后浸入酸中,如此重复数次即可。

2) 硼砂珠的制备。用处理过的镍铬丝沾取一些硼砂固体,在氧化焰中灼烧至熔融,观察硼砂珠的颜色和状态。

3) 用硼砂珠鉴定钴盐和铬盐。用烧热的硼砂珠分别沾上少量硝酸钴、三氯化铬固体,熔融。冷却后观察硼砂珠的颜色,几种金属的硼砂珠颜色见表 5-1。

表 5-1  几种金属的硼砂珠颜色

| 元 素 | | 常用 | 氧化焰 | | 还原焰 | | 说 明 |
|---|---|---|---|---|---|---|---|
| 名称 | 符号 | 化合物 | 热时 | 冷时 | 热时 | 冷时 | |
| 钴 | Co | $CoCl_2$ | 黑 | 黑 | 黑 | 黑 | 影响硼砂 |
| 铬 | Cr | $CrCl_3$ | 黄 | 黄绿 | 绿 | 绿 | 珠的颜色 |
| 铜 | Cu | $CuSO_4$ | 绿 | 青绿~淡黑 | 灰~绿 | 红 | 因素包括: |
| 铁 | Fe | $FeCl_2$ | 黄~棕 | 黄~褐 | 绿 | 淡绿 | (1)氧化焰 |
| | | $FeSO_4$ | | | | | 或还原焰; |
| 锰 | Mn | $MnCl_2$ | 紫 | 紫红 | 无色~灰 | 无色~灰 | (2)温度; |
| 钼 | Mo | $MoO_3$ | 淡黄 | 无色~白 | 褐 | 褐 | (3)金属的 |
| 镍 | Ni | $NiCl_2$ | 紫 | 黄褐 | 无色~灰 | 无色~灰 | 含量 |
| | | $NiSO_4$ | | | | | |

(5) 硅酸凝胶的生成:

1) 在 1 支干试管中加入约 5g 石灰石,用带有导管的木塞盖紧,将导管插入盛有 0.5mol/L $Na_2SiO_3$ 溶液的试管中,从试管木塞上端逐滴加入 6mol/L 的 HCl 溶液,不断搅动导管,静置,观察硅酸凝胶的形成。

2) 往 2mL 0.5mol/L $Na_2SiO_3$ 溶液中逐滴加入 6mol/L HCl 溶液,使溶液的 pH 值在 6~9 之间,静置,观察硅酸凝胶的生成(如无凝胶生成可微热)。

3) 取 10 滴 0.5mol/L $Na_2SiO_3$ 溶液加入 2mL $NH_4Cl$ 饱和溶液,混合均匀,用湿润的 pH 试纸在试管口检验逸出气体的酸碱性。

根据上述实验结果总结硅酸凝胶的生成条件。

2. 热稳定性

(1) 分别取约 2g $Cu_2(OH)_2CO_3$、$Na_2CO_3$、$NaHCO_3$ 放入试管中加热,观察它们的热稳定性大小(通入石灰水中观察浑浊时间或含有指示剂的水中观察变色时间)。

(2) 取 3 支干燥试管,分别加入少量 $KNO_3$、$Pb(NO_3)_2$、$AgNO_3$ 固体,加热,观察反应情况和产物的颜色,检验气体产物。

3. 酸碱性

取 4 支试管分别加入 0.1mol/L $SnCl_2$、0.1mol/L $Pb(NO_3)_2$、0.1mol/L $SbCl_3$、0.1mol/L $Bi(NO_3)_3$ 10 滴,逐滴滴加 2mol/L NaOH 溶液,直到有沉淀生成为止。然后把沉淀分成 2 份,分别逐滴加入 2mol/L $HNO_3$ 和 2mol/L NaOH,观察沉淀有何变化。

4. 水解性

(1) 取两支试管,加入 0.1mol/L $Na_2CO_3$ 和 0.1mol/L $NaHCO_3$ 各 2 滴,检验其 pH 值。

(2) 取 0.5mol/L $Na_2SiO_3$ 溶液 2 滴,检验其 pH 值。

(3) 取微量固体 $SnCl_2$,用去离子水溶解,有何现象,溶液的酸碱性如何,往溶液中滴加 2mol/L HCl 溶液后有何变化,稀释后又有何变化?

分别用少量固体 $SbCl_3$ 和固体 $BiCl_3$ 代替 $SnCl_2$,重复上述实验,观察现象。

5. 氧化还原性

(1) 取 0.1mol/L $SnCl_2$ 溶液 3 滴,逐滴加入过量的 2mol/L NaOH 溶液至最初生成的沉淀刚好溶解。滴加 0.1mol/L $Bi(NO_3)_3$ 溶液 2 滴,观察现象。此反应可用来鉴定 $Bi^{3+}$。

(2) 试管中取少量 $PbO_2$ 固体,滴加浓 HCl,观察现象,并在管口用湿润的碘化钾淀粉试纸检验生成的气体。

试管中取少量 $PbO_2$ 固体,加 2mL 6mol/L $HNO_3$ 酸化,再加 2 滴

0.1mol/L $MnSO_4$ 溶液,水浴加热,观察溶液的颜色。

（3）取 2 滴 0.1mol/L $MnSO_4$ 溶液,加入 1mL 6mol/L $HNO_3$ 酸化,加入少量固体 $NaBiO_3$ 微热,观察溶液的颜色。

（4）取 3 支试管,分别加入少量 NaCl、NaBr、NaI 固体,各加入 3 滴浓硫酸,各试管口分别放置浸湿的 pH 试纸、碘化钾-淀粉试纸、$Pb(Ac)_2$ 试纸,微热试管,观察试管中的现象和试纸颜色变化情况。通过实验,比较 HCl、HBr、HI 还原性变化规律。

（5）取 2 支试管,均加入 3 滴 0.5mol/L $NaNO_2$ 溶液,在第一支试管中加入 1 滴 0.2mol/L KI 溶液,观察现象,再加入 1 滴 1mol/L $H_2SO_4$ 溶液,观察现象;另一支试管中加入 1 滴 0.2mol/L $KMnO_4$ 溶液,观察现象,再加入 1 滴 1mol/L $H_2SO_4$ 溶液,观察现象。

6. 溶解性

（1）取 4 支试管分别加入 5 滴 0.1mol/L $SnCl_2$、0.1mol/L $Pb(NO_3)_2$、0.1mol/L $SbCl_3$、0.1mol/L $Bi(NO_3)_3$,各加入 1 滴 0.5mol/L $Na_2S$ 溶液,观察沉淀的生成。

（2）在 4 支试管中各加入 5 滴 0.1mol/L $Pb(NO_3)_2$ 溶液,然后分别加入 2mol/L HCl、2mol/L $H_2SO_4$、0.2mol/L KI、0.1mol/L $K_2CrO_4$ 溶液,观察沉淀的生成,然后做以下实验:

1）试验 $PbCl_2$ 在冷水和热水中的溶解情况。

2）在 $PbCrO_4$ 沉淀中加入 2mol/L $HNO_3$,观察沉淀变化。

3）在 $PbSO_4$ 沉淀中加入饱和 $NH_4Ac$ 观察沉淀变化。

7. 扩展实验

（1）鉴别都是白色粉末的 $Na_2CO_3$、$NaHCO_3$、$Na_4B_4O_7$、$Na_2SiO_3$。

（2）有一未知液,可能是 $Sn^{2+}$、$Pb^{2+}$、$Sb^{3+}$、$Bi^{3+}$ 四种离子中的一种,请鉴别。

六、问题

（1）试解释水中花园的原理。

（2）为什么硼酸盐和硅酸盐的热稳定性都很强而碳酸盐的热稳定性较差?

（3）亚硫酸钠与碘反应时,能否加酸,为什么?

## 实验 2 副族元素的性质(一)

### (铁、钴、镍、锌、镉、汞、钒)

**一、目的**

(1) 掌握 Fe(Ⅱ)、Co(Ⅱ)、Ni(Ⅱ)化合物的还原性和 Fe(Ⅲ)、Co(Ⅲ)、Ni(Ⅲ)化合物的氧化性。

(2) 掌握 Fe、Co、Ni 的主要配位化合物的性质及其在定性分析中的应用。

(3) 掌握 $Fe^{2+}$、$Fe^{3+}$、$Co^{2+}$、$Ni^{2+}$ 离子的分离与鉴定。

(4) 了解锌、镉、汞的氧化物和氢氧化物的酸碱性。

(5) 了解单质锌、镉、汞的价态变化和配位能力。

(6) 了解钒重要化合物的性质。

**二、预习**

(1) Fe(Ⅱ)、Co(Ⅱ)、Ni(Ⅱ)的还原性。

(2) Fe(Ⅲ)、Co(Ⅲ)、Ni(Ⅲ)的氧化性。

(3) Fe、Co、Ni 的主要配合物的性质。

(4) 锌、镉、汞、钒单质及其化合物性质及其递变规律。

**三、思考题**

(1) 使用汞的时候应注意哪些问题,为什么要把汞储存在水面以下?

(2) 怎样分离和鉴定 $Ag^+$、$Cd^{2+}$、$Hg^{2+}$、$Cu^{2+}$、$Zn^{2+}$ 离子的混合物?

**四、实验用品**

1. 仪器和材料

性质实验常用仪器,离心机,水浴锅,坩埚,酒精灯,KI-淀粉试纸,pH 试纸。

2. 药品

液体药品:$HCl(2mol/L、6mol/L、浓)$,$H_2SO_4(1mol/L、6mol/L)$,$NaOH(2mol/L)$,氨水($2mol/L、6mol/L$),$FeCl_3(0.2mol/L)$,$Fe(NO_3)_3(0.05mol/L)$,$CoCl_2(0.1mol/L)$,$NiSO_4(0.1mol/L)$,

$ZnSO_4$（0.1mol/L），$CdSO_4$（0.2mol/L），$KMnO_4$（0.01mol/L），
$NH_4SCN$（0.5mol/L），$NaClO$（0.1mol/L），$NH_4VO_3$（饱和），KSCN
（1mol/L），$(NH_4)_2Fe(SO_4)_2$（0.1mol/L），$K_4[Fe(CN)_6]$（0.1mol/L），
$K_3[Fe(CN)_6]$（0.1mol/L），KI（0.1mol/L），$NH_4F$（1mol/L），
$Hg(NO_3)_2$（0.1mol/L），二乙酰二肟溶液（1%），戊醇。

固体药品：$(NH)_2Fe(SO_4)_2 \cdot 6H_2O$，锌粉。

**五、实验**（解释实验现象并写出有关反应式）

1. 氢氧化物的性质

向盛有 5 滴 0.2mol/L $FeCl_3$ 溶液的试管中逐滴加入 2.0mol/L
NaOH 溶液，直到大量沉淀生成为止。把沉淀分为 2 份，一份加入
2.0mol/L HCl 至过量，另一份加入 2.0mol/L NaOH 溶液至过量，观
察并记录各有何变化。

另取 0.2mol/L $FeCl_3$ 溶液 5 滴，加入 2.0mol/L NaOH 溶液制得
$Fe(OH)_3$ 沉淀，然后加入浓盐酸，观察并记录现象。

用同样的方法试验 $Co^{3+}$、$Ni^{3+}$、$Zn^{2+}$、$Cd^{2+}$ 的氢氧化物的生成及
其与 NaOH、2.0mol/L 盐酸及浓盐酸的反应情况，观察并记录
现象。

2. 氧化还原性质

（1）淀粉碘化钾试纸上滴 1 滴 0.05mol/L $Fe(NO_3)_3$ 溶液，观察
并记录试纸的颜色变化。

（2）取 0.01mol/L $KMnO_4$ 溶液 1 滴和 6mol/L $H_2SO_4$ 溶液 3 滴，
然后慢慢向其中加入硫酸亚铁铵溶液，观察溶液颜色变化。

（3）一支试管中放入 10mL 蒸馏水和一些稀硫酸，煮沸以赶去溶
于其中的空气，然后加入少量的 $(NH_4)_2Fe(SO_4)_2 \cdot 6H_2O$ 晶体，在另
一个试管中加入 1mL 2mol/L NaOH 溶液小心煮沸，以赶去空气，冷
却后，用一滴管吸取 0.5mL，插入 $(NH_4)_2Fe(SO_4)_2 \cdot 6H_2O$ 溶液（直
至试管底部）内，慢慢放出 NaOH 溶液（整个操作过程都要避免将空
气带进溶液中，为什么）观察并记录沉淀的生成和颜色。摇动试管后
放置一段时间，观察沉淀有何变化。最后滴加 6mol/L HCl 溶液，同
时摇动试管使沉淀溶解，再加入 0.5mol/L $NH_4SCN$ 溶液数滴，观察
并记录溶液的颜色。

(4) 在两支试管中,分别加入 0.1mol/L CoCl$_2$ 溶液 1mL,再加入 2mol/L NaOH 溶液,观察并记录加入 NaOH 量对生成沉淀的颜色变化,然后加入 0.1mol/L NaClO 溶液 10 滴,搅动试管,水浴加热至沉淀变黑为止,取出试管,吸除上面清液,在两支试管中分别加入 6mol/L H$_2$SO$_4$ 溶液和 6mol/L HCl 溶液各 1mL,观察并记录气体生成和溶液颜色(若沉淀不溶解,将试管再放入水浴中加热),并自己设计实验检验气体成分。

(5) 在两支试管中分别加入 0.1mol/L NiSO$_4$ 溶液 1mL,再滴加 2mol/L NaOH 溶液,观察并记录生成的沉淀颜色,再向沉淀中加入 0.1mol/L NaClO 溶液,然后将试管水浴加热,使沉淀变黑为止,取出试管,吸除上面清液,在一支试管中放一条碘化钾淀粉试纸,然后向试管中加 6mol/L HCl 溶液 1mL,观察并记录试纸颜色变化及沉淀溶解后溶液的颜色,另一支试管中加入 6mol/L H$_2$SO$_4$ 溶液 1mL,观察并记录气体生成情况及溶液颜色。

(6) 取饱和 NH$_4$VO$_3$ 溶液 1mL,加入 2 滴 6mol/L HCl 酸化后,加入少量锌粉,放置片刻,仔细观察并记录溶液颜色的变化。逐滴加入 0.1mol/L KMnO$_4$ 溶液并晃匀,观察并记录溶液的颜色变化。

**3. 配合物的性质**

(1) 在 5 滴 FeCl$_3$ 溶液中加入 2 滴 KSCN 溶液,观察并记录溶液中发生的变化。然后再加入 1mol/L NH$_4$F 溶液至过量,观察并记录溶液中发生的变化。

(2) 在 5 滴 CoCl$_2$ 溶液中加入 6mol/L 氨水至过量,观察并记录溶液中发生的变化。静置一段时间,再次观察并记录溶液中发生的变化。

(3) 氯化钴(Ⅱ)水合离子颜色变化。用玻璃棒蘸取 0.1mol/L CoCl$_2$ 溶液在白纸上写字,晾干后,用电吹风热风将纸吹干,观察字迹颜色的变化,记录现象。

(4) 在 5 滴 NiSO$_4$ 溶液中滴加 6mol/L 氨水至生成的沉淀刚好溶解为止,观察并记录现象,写出反应式。分别试验此络合物溶液与 1mol/L H$_2$SO$_4$(注意:H$_2$SO$_4$ 应沿试管内壁滴加)和 2mol/L NaOH 溶液的反应,以及此络合物加热和加水稀释对其稳定性的影响,观察并记录现象。

(5) 向盛有 5 滴 0.1mol/L Hg(NO$_3$)$_2$溶液的试管中逐滴加入 0.1mol/L KI 溶液,直至起初生成的沉淀又溶解,观察并记录现象。

4. 离子的鉴定

(1) 在 5 滴亚铁氰化钾 K$_4$[Fe(CN)$_6$]溶液中滴加 5 滴 FeCl$_3$溶液,观察并记录现象。

(2) 在 5 滴铁氰化钾K$_3$[Fe(CN)$_6$]溶液中滴加 5 滴(NH)$_2$Fe(SO$_4$)$_2$溶液,观察并记录现象。

(3) 在 10 滴 CoCl$_2$溶液中加入 0.5mL 戊醇,再滴加 5 滴 1mol/L KSCN 溶液,振荡,观察水相和有机相的颜色变化。

(4) 在 5 滴 0.1mol/L NiSO$_4$溶液中,加入 5 滴 2mol/L 氨水,再加入 1 滴 1%二乙酰二肟溶液,观察并记录现象。

5. 混合离子的鉴定

已知未知固体中的阳离子是 Fe$^{3+}$、Zn$^{2+}$、Cd$^{2+}$、Ba$^{2+}$ 这四种离子中的一种离子,请鉴定出来是哪种离子。

六、问题

Fe(OH)$_3$、Co(OH)$_3$和 Ni(OH)$_3$分别加入 HCl 和 H$_2$SO$_4$时会出现什么现象?

## 实验 3　副族元素的性质(二)

### (钛、铬、锰、铜、银、钼、钨)

一、目的

(1) 了解钛化合物的生成及性质。

(2) 了解铬、锰的常见氧化态及其颜色和存在状态,掌握其相应的转换条件。

(3) 了解铜、银的氧化物和氢氧化物的酸碱性。

(4) 了解单质铜、银的价态变化和配位能力。

(5) 了解钼、钨某些重要化合物的性质。

二、预习

(1) 钛(Ⅳ)盐与过氧化氢的反应。

(2) 钛(Ⅳ)的氧化性以及钛(Ⅲ)的还原性。

(3) 铬、锰的常见氧化态以及它们的存在状态和颜色。

(4) 查电极电势表,写出铬、锰的标准电极电势图,了解铬、锰各氧化态之间相互转化的条件。

(5) 铜、银单质及其化合物性质及其递变规律。

(6) 钼、钨重要化合物的性质。

**三、思考题**

(1) $KMnO_4$ 的氧化性如何受介质酸度的影响?

(2) 在什么条件下,Cu(Ⅰ)才能稳定存在?

**四、实验用品**

1. **仪器和材料**

性质实验常用仪器,离心机,水浴锅,坩埚,酒精灯,KI-淀粉试纸,pH 试纸。

2. **药品**

液体药品:HCl(2.0mol/L、6mol/L、浓),$H_2SO_4$(1.0mol/L、3mol/L、浓)、NaOH(40%、2mol/L、6mol/L),$NH_3 \cdot H_2O$(浓、2.0 mol/L),$Cr(NO_3)_3$(0.1mol/L),$MnSO_4$(0.1mol/L),$CuCl_2$(0.2mol/L),$H_2O_2$(5%),$TiOSO_4$ 溶液,$FeCl_3$(0.1mol/L),$K_2Cr_2O_7$(0.1mol/L),$BaCl_2$(0.1mol/L),$Na_2SO_3$(0.1mol/L,0.5mol/L),$Pb(NO_3)_2$(0.1mol/L),$KMnO_4$(0.01mol/L),$CuSO_4$(0.2mol/L),葡萄糖(10%),KI(0.1mol/L),$AgNO_3$(0.1mol/L),NaCl(0.1mol/L),NaBr(0.1mol/L),$Na_2S_2O_3$(0.2mol/L),钼酸铵(饱和),$Na_2WO_4$(饱和)。

固体药品:钼酸铵,$Na_2SO_3$,$NaNO_2$,$(NH_4)_2Cr_2O_7$,$NaBiO_3$,铜箔,锌粒,锌粉,固体石蜡。

**五、实验**(解释实验现象并写出有关反应式)

1. **氢氧化物或氧化物的性质**

(1) 取 2 支试管均加入 0.1mol/L $Cr(NO_3)_3$ 溶液 5 滴和 1 滴 2mol/L NaOH 的溶液制备氢氧化铬,在 1 支试管中加入少量 2mol/L HCl,在另 1 支试管中加入 2mol/L NaOH,观察现象。

(2) 在 1 支试管中加入 2 滴 0.1mol/L $MnSO_4$ 溶液,再加入

2mol/L NaOH 溶液 1 滴,观察并记录产物的颜色和状态;放置 3min 后观察并记录沉淀的变化。向沉淀中加 2 滴 5% $H_2O_2$,又发生什么变化?

(3) 取 3 支试管分别加入 0.2mol/L $CuCl_2$ 溶液 5 滴,再逐滴加入 2.0mol/L NaOH 溶液直至沉淀生成,观察并记录沉淀的颜色和状态。然后一支试管加热,一支滴加 1.0mol/L $H_2SO_4$,另一支加入过量的 6.0mol/L NaOH 溶液,观察并记录各有何变化。

(4) 取 1 支试管,加入 2 滴 0.1mol/L $AgNO_3$ 溶液和 1 滴 2.0mol/L NaOH 溶液,观察现象。

(5) 取少量(大约 2g)钼酸铵固体在坩埚中灼烧,观察并记录固体颜色的变化。将产物分成 3 份,放入 3 支试管中分别试验它与浓 HCl、2.0mol/L NaOH 和水的作用,写出反应式。

2. 氧化还原性质

(1) 取 10 滴 $TiOSO_4$ 溶液,加入少量锌粉,加热后放置,观察并记录现象。1h 后,将上层清液分别装于 2 支试管中,在一支试管中滴加 0.1mol/L $FeCl_3$,另一支试管中滴加 0.2mol/L $CuCl_2$ 溶液,观察并记录现象。

(2) 将 10 滴 0.1mol/L $K_2Cr_2O_7$ 用 1mL 1.0mol/L $H_2SO_4$ 酸化后分成两份,一份加入少量 $NaNO_2$ 固体,另一份加入少量 $Na_2SO_3$ 固体,观察并记录有何变化。

(3) 分别试验在酸性(1mol/L $H_2SO_4$)、中性(蒸馏水)、碱性(6mol/L NaOH)介质中 0.01mol/L $KMnO_4$ 溶液与 0.1mol/L $Na_2SO_3$ 溶液的反应,比较并记录它们的产物因介质不同有什么不同(思考药品的滴加顺序)。

3. 配合物的性质

(1) 向盛有 1mL 0.2mol/L $CuSO_4$ 溶液的试管中逐滴加入 2.0mol/L $NH_3·H_2O$ 溶液,直到沉淀完全溶解。把所得清液分为两份,一份加热至沸,另一份逐滴加入 1.0mol/L $H_2SO_4$,观察并记录各有何变化。

(2) 取 6 支离心试管,分别加入 5 滴 0.1mol/L $AgNO_3$ 溶液,然后分别在 2 支试管中加入 0.1mol/L NaCl 溶液 5 滴,2 支试管中加入

0.1mol/L NaBr 溶液 5 滴,另两支试管中加入 0.1mol/L KI 溶液 5 滴,观察氯化银、溴化银和碘化银沉淀的生成,离心分离后,再将氯化银、溴化银和碘化银沉淀分别与 2.0mol/L $NH_3 \cdot H_2O$ 和 0.2mol/L $Na_2S_2O_3$ 的作用,观察并记录沉淀溶解的情况。

4. 氧化数性质

(1) 往 0.5mL $TiOSO_4$ 溶液中滴加 5% $H_2O_2$ 溶液,观察并记录反应产物的颜色和状态。

(2) 取 4 支试管,分别加入 0.5mL $TiOSO_4$ 溶液并滴加 2mol/L $NH_3 \cdot H_2O$,至有沉淀产生为止,即为 α-钛酸,观察并记录反应产物的颜色。取两份 α-钛酸沉淀分别试验在 6mol/L NaOH 和 6mol/L HCl 中的溶解情况(可用生成过氧钛离子的方法加以检验)。往上面剩余的两份 α-钛酸沉淀中加少量水,移至小坩埚中明火加热,煮沸几分钟,α-钛酸即转变为 β-钛酸,试验 β-钛酸在 6mol/L NaOH 和 6mol/L HCl 中的溶解情况(可用生成过氧钛离子的方法加以检验)。

(3) 在试管中加入少量 $(NH_4)_2Cr_2O_7$ 固体,加热使之完全分解。观察并记录产物的颜色和状态。将加热后的产物分别装入 3 支试管中,分别加入 2mL 水、浓 $H_2SO_4$、40% NaOH 溶液,加热至沸,观察并记录固体是否溶解,记录现象。

(4) 在 2 支离心试管中加入 5 滴 0.2mol/L $CuSO_4$ 溶液,再逐渐滴加 6.0mol/L NaOH 溶液,使起初生成的沉淀完全溶解。往此清液中加入 5 滴 10% 葡萄糖溶液,混匀后微热,观察并记录现象。

离心分离后用去离子水洗涤沉淀,在一支离心试管中滴加浓氨水,另一支离心试管中滴加 1.0mol/L $H_2SO_4$ 溶液,观察并记录现象。

(5) 在 1 支离心试管中加入 2 滴 0.2mol/L $CuSO_4$ 溶液和 4 滴 0.1mol/L KI 溶液,搅拌,离心分离后观察并记录沉淀和溶液颜色。将上层清液转移至另一试管中,加入淀粉液,观察并记录现象。

(6) 取 1 支离心试管,加入 2 滴 0.2mol/L $CuSO_4$ 溶液,然后滴加 0.5mol/L $Na_2SO_3$ 溶液,直至最初生成的沉淀完全溶解。然后向此溶液中加入 3mol/L $H_2SO_4$ 溶液,观察并记录现象。离心分离后,将上层清液转移至另一试管中,滴加浓氨水,观察并记录溶液的颜色。

(7) 往盛有 5 滴饱和钼酸铵溶液的试管中加入 1mL 2mol/L HCl 酸化后,再加一小粒锌,振荡,观察并记录溶液的颜色有什么变化。

用饱和钨酸钠溶液代替钼酸铵溶液进行与上面同样的试验,观察并记录现象。

5. 离子的鉴定

(1) 往盛有 2 滴 0.1mol/L $MnSO_4$ 溶液的试管中加入 1mL 2mol/L $HNO_3$ 酸化,再加入少许 $NaBiO_3$ 固体,搅拌,微热试管,观察并记录颜色变化。这个反应可用来鉴定 $Mn^{2+}$。

(2) 在装有 2 滴 0.1mol/L $K_2Cr_2O_7$ 的 3 支试管中分别加入 1 滴 0.1mol/L $BaCl_2$,1 滴 0.1mol/L $Pb(NO_3)_2$、2 滴 0.1mol/L $AgNO_3$ 溶液,观察并记录铬酸钡、铬酸铅和铬酸银的生成及它们的颜色。然后向这 3 支试管中分别加入 5 滴 2mol/L HCl,检验其溶解性。这些反应可用来鉴定 $Ba^{2+}$、$Pb^{2+}$、$Ag^+$。

6. 制备印刷线路板

用砂纸去除铜箔表面的氧化物,再用固体石蜡将铜箔封成所需的图案,投入 $FeCl_3$ 溶液中放置一段时间后取出,观察并记录现象写出反应式。

7. 混合离子的鉴定

已知未知溶液中含有 $Ag^+$、$Pb^{2+}$、$Mn^{2+}$、$Ba^{2+}$ 这四种离子中的一种离子,请鉴定出来是含有哪种离子。

**六、问题**

(1) 在含 $Mn^{2+}$ 的溶液中通入 $H_2S$,能否得到 MnS 沉淀,怎样才能得到 MnS 沉淀?

(2) 为什么硫酸铜溶液中加入 KI 时,生成碘化亚铜,加 KCl 产物是什么?

备注:$TiOSO_4$ 溶液的制备:在 2mL $TiCl_4$ 液体中加入 30mL 的 6mol/L $H_2SO_4$,用水稀释至 200mL 即得。

## 5.2　化学原理及制备

### 实验4　气体常数的测定

#### 一、目的

（1）了解气体状态方程式中常数值 $R$ 的测定方法。

（2）巩固和掌握化学反应方程式和分压定律等方面的有关计算。

（3）学会气压计和量气管的读数方法；掌握电子天平的使用。

#### 二、思考题

（1）测定气体常数值的原理是怎样的？

（2）在测定 $H_2$ 的体积时，在反应前后两次读取量气管的体积时，为什么必须将水准瓶与量气管的水面取平？

（3）能否用细铁丝和细银丝代替铜丝进行实验，为什么？

#### 三、原理

气体状态方程式 $pV = nRT$ 中的气体常数 $R$ 值可通过实验方法测定。

最简单的方法是用活泼金属与酸反应产生 $H_2$ 来测定 $R$ 值。例如用准确质量的高纯锌片与足量盐酸完全反应产生 $H_2$ 气，在室温 $t(℃)$ 和实验时的大气压 $p(Pa)$ 下，用排水集气法收集产生 $H_2$ 的体积 $V_{H_2}$，就可计算出 $R$ 值。

$$p_{H_2} V_{H_2} = n_{H_2} RT$$

$$R = \frac{p_{H_2} V_{H_2}}{n_{H_2} T} \tag{5-1}$$

$$p_{H_2} = p - p_{H_2O}$$

$$T = (273 + t)$$

式中　　$p$——测量时的大气压，Pa，可由气压计直接读出；

$p_{H_2O}$——室温 $t(℃)$ 时水的蒸汽压，Pa，可由附注中查出；

$V_{H_2}$——实验时收集的 $H_2$ 体积，$m^3$；

$n_{H_2}$——$H_2$ 的物质的量，mol，可根据 Zn 的准确质量和相对原子质量由下面反应方程式计算出来。

$$Zn + 2HCl = ZnCl_2 + H_2$$

这样式(5-1)右边的 4 个值都已知,就能计算出 $R$ 值。

**四、实验用品**

1. **仪器和材料**

测量气体常数的实验装置(支管试管、橡皮塞、弹簧夹、橡胶乳头、胶管、量气管、水准瓶)、锌片(质量在 0.1000~0.1200g 之间)、细铜丝(10~15cm)、气压计、温度计、量杯、电子天平。

2. **药品**

HCl(6mol/L)

**五、实验**

1. **锌片质量的称量**

取高纯薄锌片一小片(大约 1cm²),在电子天平上准确称量,要求锌片的质量在 0.1000~0.1200g 之间不超过 0.1200g,以免发生 $H_2$ 的体积超过量气管的最大测量体积。

本实验两人一组共用一套仪器,每人称一片锌片单独进行实验。

2. **$H_2$ 体积的测定**

实验装置如图 5-2 所示,50mL 量气管固定在一个带底座的长方

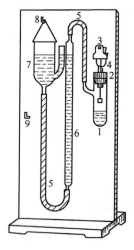

图 5-2　测定气体常数实验装置
1—支管试管;2—橡皮塞;3—弹簧夹;
4—橡胶乳头;5—胶管;6—量气管;
7—水准瓶;8、9—挂钩

形木板上,支管试管(1)放入固定在木板上的铝圈中,用胶管(5)使试管的支管与量气管相连接。水准瓶(7)是一个带下口和支管的圆玻璃管。下口用胶管与量气管下口相连。水准瓶和量气管中装有纯水,水准瓶用尼龙丝或铜丝挂在木板的挂钩(8)上。

实验开始由支管试管上取下橡胶塞,取一长约 10~15cm 的细铜丝,在铜丝一端将称量的小锌片捆紧后,把铜丝弄直,然后将铜丝的另一端经胶塞中央的玻璃管插入上面的橡胶乳头中,并用铁夹夹住。用小漏斗和 10mL 量杯向支管试管中注入 6mol/L HCl 溶液5mL。然后将捆着的锌片垂直放入支

管试管中使锌片悬在支管试管中 HCl 溶液上面的空间,并在管口将胶塞塞紧。观察一下量气管中水面的刻度(在 0 刻度线附近)。

将水准瓶从挂钩(8)上取下,挂在木板下部的挂钩(9)上,此时见到量气管的水面下降。但下降一小段就不再下降,继续观察 2min。若水面不发生变化,说明仪器不漏气(若水面继续下降说明仪器漏气。仪器漏气多半是因为支管试管上的胶塞没塞紧造成的,此时应将水准瓶再挂在挂钩(8)上,重新塞紧胶塞,再检查是否漏气)。此步做完后经指导教师检查。

将水准瓶从挂钩(9)上取下,并将支管与量气管靠近,微微上下移动水准瓶使两个液面在一个水平面上(此时量气管和支管试管中气体的压力等于大气压),然后读取体积 $V_1$ 值,并把该值记在记录本上。

将水准瓶重新挂在挂钩(9)上,轻轻松动弹簧铁夹(不要取下弹簧铁夹)。使锌片落入支管试管的 HCl 溶液中发生反应。生成的 $H_2$ 使量气管中水面不断下降。反应进行大约数分钟。反应后量气管中液面就不再下降。再等 10min 使量气管中液面稳定(因 Zn 和 HCl 溶液的反应是放热反应)。最后再用水准瓶找好两个水面的水平,读取量气管中的体积读数 $V_2$,并记入记录本中。

将实验时的室温 $t(℃)$,大气压 $p(Pa)$ 和由表中查得水的蒸汽压 $p_{H_2O}$ 值都记入记录本中。

实验后取下支管试管上的胶塞,将支管试管提出铝圈,把管中的 HCl 溶液倾入烧杯中,用水清洗支管试管后再将其放入铝圈中,将铜丝取下用水清洗以备下次使用。

### 六、实验记录和计算

| | |
|---|---|
| 锌片质量 $m$ | g |
| 量气管最初体积 $V_1$ | mL |
| 量气管最后体积 $V_2$ | mL |
| $H_2$ 的体积 $V_{H_2} = V_2 - V_1$ | mL |
| 室温 $t$ | ℃ |
| 大气压 $p$ | Pa |
| 水的蒸汽压 $p_{H_2O}$ | Pa |

根据上面数据和原理计算出气体常数 $R$ 的值,并求出相对误差。

$$相对误差 = \frac{|R-8.314|}{8.314} \times 100\%$$

## 七、问题与讨论

（1）若已知气体常数 $R = 8.314\mathrm{Pa \cdot m^3/(K \cdot mol)}$，怎样计算 $0.1200\mathrm{g}$ Zn 与足量 HCl 溶液反应，在 $15℃$，$102.39\mathrm{kPa}$ 大气压下，用排水集气法收集 $H_2$ 的体积(mL)。

（2）如果有未知纯金属薄片，其质量可在电子天平上准确称量，如何利用本实验装置来确定该金属薄片的名称(已知该金属为 2 价并能与盐酸反应产生氢气)。

附注

（1）不同温度时水的饱和蒸汽压($p_{H_2O}$)。

| $t/℃$ | $p_{H_2O}/\mathrm{kPa}$ | $t/℃$ | $p_{H_2O}/\mathrm{kPa}$ |
|---|---|---|---|
| 5 | 0.8723 | 16 | 1.818 |
| 6 | 0.9350 | 17 | 1.937 |
| 7 | 1.002 | 18 | 2.063 |
| 8 | 1.073 | 19 | 2.197 |
| 9 | 1.148 | 20 | 2.338 |
| 10 | 1.228 | 21 | 2.486 |
| 11 | 1.312 | 22 | 2.643 |
| 12 | 1.402 | 23 | 2.809 |
| 13 | 1.497 | 24 | 2.983 |
| 14 | 1.598 | 25 | 3.167 |
| 15 | 1.705 | 26 | 3.361 |

（2）量气管的读法。本实验所用的量气管是 50mL 量气管，上端刻线为 0，下端刻线为 50，上线和下线之间共分 50 大格，每格的体积是 1mL，在 1mL 之间又分为 10 小格，所以能直接读出小数点后第一位数值并能估计出小数点后第二位数值。量气管中水的体积的准确读数法与量筒读数法完全相同，不同的是由上向下读。

## 实验 5　pH 法测定 HAc 的电离常数

## 一、目的

（1）掌握弱酸电离平衡和缓冲溶液的概念。

（2）了解 HAc 电离常数的测定方法,学会 pH 计和滴定管等仪器的使用方法。

（3）学会配制准确浓度溶液和数据处理及绘图等方法。

**二、思考题**

（1）已知醋酸溶液的浓度和 pH 值,如何计算 $K_a^\ominus$?

（2）已知等浓度等体积 HAc-NaAc 混合溶液,pH 值的计算公式是什么?

**三、原理**

大多数酸和碱在水溶液中的解离是不完全的,且解离过程是可逆的,最后酸或碱与它解离出来的离子之间建立了动态平衡,该平衡称为解离平衡。解离平衡是水溶液中的化学平衡,其平衡常数 $K^\ominus$ 称为解离常数。

弱酸 HAc 在水中存在如下解离平衡:

$$HAc(aq) \Longleftrightarrow H^+(aq) + Ac^-(aq)$$

其解离常数 $K_a^\ominus = \dfrac{\dfrac{c(H^+)}{c^\ominus}\dfrac{c(Ac^-)}{c^\ominus}}{\dfrac{c(HAc)}{c^\ominus}}$

由于 $c^\ominus = 1.0 \text{mol/L}$,可将上式简化为

$$K_a^\ominus = \frac{c(H^+)c(Ac^-)}{c(HAc)}$$

NaAc 溶液与 $HNO_3$ 混合后,建立如下平衡

$$Ac^- + H^+ \Longleftrightarrow HAc$$

解离平衡常数 $\qquad K_a^\ominus = \dfrac{c(H^+)c(Ac^-)}{c(HAc)} \qquad\qquad$ (5-2)

因平衡时,$c(HAc) = c(HNO_3) - c(H^+)$

$c(Ac^-) = c(NaAc) - c(HAc)$

$\qquad = c(NaAc) - [c(HNO_3) - c(H^+)]$

由于混合时 NaAc 是过量的,使 $HNO_3$ 的 $H^+$ 与 NaAc 的 $Ac^-$ 几乎完全反应变成 HAc,溶液中 $H^+$ 浓度很小,因此

$c(HAc) = c(HNO_3) - c(H^+) = c(HNO_3)$

$c(Ac^-) = c(NaAc) - c(HNO_3)$

将上两式代入式(5-2),得

$$K_a^\ominus = c(H^+)\left[\frac{c(NaAc)}{c(HNO_3)} - 1\right] \tag{5-3}$$

将式(5-3)取对数

$$\lg K_a^\ominus = \lg c(H^+) + \lg\left[\frac{c(NaAc)}{c(HNO_3)} - 1\right]$$

整理得

$$pH = \lg\left[\frac{c(NaAc)}{c(HNO_3)} - 1\right] - \lg K_a^\ominus \tag{5-4}$$

以 pH 值为纵坐标,$\lg\left[\dfrac{c(NaAc)}{c(HNO_3)} - 1\right]$为横坐标绘图,所得直线截距为 $-\lg K_a^\ominus$。

**四、实验用品**

1. 仪器

pH 计,复合电极,酸式滴定管,移液管(25mL 和 50mL),量筒(50mL),烧杯(50mL 和 100mL),容量瓶(250mL),锥形瓶(250mL)。

2. 药品

无水 NaAc,无水 $Na_2CO_3$,pH = 4.0 和 pH = 6.86 的缓冲溶液,HCl(0.1mol/L),HAc(0.1mol/L),NaOH(0.1mol/L),$HNO_3$(0.05mol/L),甲基橙(0.1%)。

**五、实验**

1. 溶液配制

用无水 NaAc 配制浓度为 0.1mol/L 的 NaAc 溶液(准确到小数点后 4 位)250mL(自配)。

用无水 $Na_2CO_3$ 配制浓度为 0.05mol/L 的 $Na_2CO_3$ 溶液(准确到小数点后 4 位)250mL(实验室配制)。

2. 标定 $HNO_3$ 的浓度

准确量取上述配置的 $Na_2CO_3$ 溶液 3 份,每份 10mL,分别置于已标好号的 3 只锥形瓶(250mL)中,各加水 50mL,溶解后加入 2 滴甲基橙指示剂,分别用待标定的 $HNO_3$ 溶液滴定,边滴边摇,近终点时应逐滴或半滴加入,直至滴加半滴或一滴 $HNO_3$,恰使溶液由黄色转变为橙色即为终点。记录 $HNO_3$ 的消耗量,用同样方法滴定另外两份 $Na_2CO_3$,根据称

取的 $Na_2CO_3$ 质量和消耗的 $HNO_3$ 溶液的体积计算出 $HNO_3$ 的准确浓度。

3. 测定溶液 pH 值

（1）用 pH=4.0 及 pH=6.86 的标准缓冲溶液校正 pH 计。

（2）向 100mL 洁净烧杯中加入 50.00mL 已配好的 0.1mol/L NaAc 溶液，插入电极。

实验开始时，扭开酸式滴定管的玻璃塞向烧杯中慢慢加入 5mL $HNO_3$ 溶液（准确）。若滴定管尖端余留一滴溶液，可轻轻振动滴定管使其落入烧杯的溶液中，用玻璃棒搅拌溶液 30s 使溶液混合均匀，再静置 30s，测定溶液的 pH 值（记入记录本中）。用玻璃棒再搅拌溶液 30s 和静置 30s 再测 pH 值（记入记录本中）。由酸式滴定管向烧杯中再加 $HNO_3$ 溶液 5mL，再测溶液的 pH 值，这样，每次加 5mL $HNO_3$ 溶液经搅拌和静置，测 pH 值两次直至加入 25mL $HNO_3$ 溶液为止。将测得的 pH 值都填入记录表 5-2。

**表 5-2   HAc 溶液 pH 值测定**

| 实 验 号 数 | | 1 | 2 | 3 | 4 | 5 |
|---|---|---|---|---|---|---|
| $HNO_3$/mL | | 5 | 10 | 15 | 20 | 25 |
| pH 测量值 | 第 1 次 | | | | | |
| | 第 2 次 | | | | | |
| | 平  均 | | | | | |

4. 缓冲溶液的性质

（1）用量筒量取 20mL 0.1mol/L HAc 溶液和 20mL 0.1mol/L NaAc 溶液放入 1 个 50mL 小烧杯中。用玻璃棒搅拌均匀后，测定溶液的 pH 值。然后向烧杯的溶液中加入 0.1mol/L HCl 溶液 3 滴，搅拌均匀后，测定溶液的 pH 值，再向溶液中加入 0.1mol/L NaOH 溶液 6 滴，搅拌均匀后，再测定溶液的 pH 值，将测得的 pH 值记入表 5-3。

（2）用量筒量取 40mL 去离子水放入 1 个 50mL 烧杯中，搅拌均匀后，测 pH 值。然后向烧杯的水中加入 0.1mol/L HCl 溶液 3 滴，搅拌均匀后，测定 pH 值，再向此溶液中加入 0.1mol/L NaOH 溶液 6 滴，搅拌均匀后，测定 pH 值，将测得的 pH 值记入表 5-3。

**表 5-3　缓冲溶液 pH 值测定**

| 溶　　液 | pH 值 |
|---|---|
| HAc 和 NaAc 的混合溶液 | |
| 混合溶液 + 0.1mol/L HCl 溶液 3 滴 | |
| 混合溶液 + 0.1mol/L NaOH 溶液 6 滴 | |
| 水 | |
| 水 + 0.1mol/L HCl 溶液 3 滴 | |
| 水 + 0.1mol/L NaOH 溶液 6 滴 | |

### 六、数据处理

(1)计算出各组实验的混合溶液中 $HNO_3$ 和 NaAc 的浓度,再根据式(5-4),以 pH 值为纵坐标,$\lg\left[\dfrac{c(NaAc)}{c(HNO_3)} - 1\right]$ 为横坐标绘图,由图求出 HAc 的电离常数 $K^{\ominus}$。

(2)根据实验结果,说明缓冲溶液的概念。

### 七、问题

(1)$HNO_3$ 过量的情况下,能否用 pH 法测 HAc 的电离常数?

(2)温度对电离常数的影响如何?

## 实验6　离子交换法测定 $CaSO_4$ 的溶解度

### 一、目的

(1)了解离子交换树脂的基本知识和使用方法。

(2)熟悉利用离子交换法测定难溶盐溶解度的原理和方法。

(3)了解 $CaSO_4$ 的一些性质。

(4)了解并掌握 pH 计、移液管和容量瓶的使用方法。

### 二、原理

离子交换树脂的种类很多,它们都是人工合成的高分子量网状结构的有机聚合物,具有米黄色至棕红色的固体小颗粒。离子交换树脂在水和酸碱溶液中都不溶解,基本上不与有机试剂、氧化剂及其他化学试剂发生作用。最常用的是强酸性阳离子交换树脂和强碱性阴离子交换树脂。

例如国产 732 型强酸性阳离子交换树脂是由酚磺酸合成的棕红

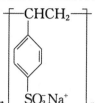

色固体小颗粒。它的结构为 $\left[\begin{array}{c}-CHCH_2-\end{array}\right]_n$, $n$ 是一个很大的数目。

一个树脂的小颗粒是不规律的,表面存在着许多—$SO_3^- Na^+$ 交换基如图 5-3 所示。市售 732 型阳离子交换树脂就是这种 Na 型的,简单的化学式写成 $R$—$SO_3^- Na^+$。但在实际应用时常将这种 Na 型树脂用盐酸处理变为 H 型,化学式写成 $R$—$SO_3^- H^+$,即小颗粒表面的 $Na^+$ 被 $H^+$ 代替了。

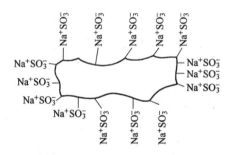

图 5-3 732 型交换树脂结构示意图

使用时是将树脂装在柱中(交换柱可用玻璃、有机玻璃或塑料制成),当溶液流经离子交换柱时,则溶液中的阳离子就与树脂上的 $Na^+$ 或 $H^+$ 进行了交换。

$$R—SO_3^- Na^+ + M^+ = R—SO_3^- M^+ + Na^+$$
$$R—SO_3^- H^+ + M^+ = R—SO_3^- M^+ + H^+$$

最常用的强碱性阴离子交换树脂国产牌号是 717 型,是一种米黄色小颗粒。它与阳离子交换树脂不同的仅是含有胺基交换基,简单化学式为 $R$—$CH_2N^+ (CH_3)_2Cl^-$,交换基上的 $Cl^-$ 能与水溶液中的阴离子进行交换。在使用时也常将它用 NaOH 溶液处理使 Cl 型变为 OH

型,简单化学式为 $R—CH_2N^+(CH_3)_2OH^-$。交换反应为

$$R—CH_2N^+(CH_3)_2Cl^- + X^- = R—CH_2N^+(CH_3)_2X^- + Cl^-$$
$$R—CH_2N^+(CH_3)_2OH^- + X^- = R—CH_2N^+(CH_3)_2X^- + OH^-$$

　　离子交换树脂很有用处,比如将普通的自来水通过 H 型阳离子交换树脂和 OH 型阴离子交换树脂的交换柱后,水中的阳离子和阳树脂上的 $H^+$ 进行交换,而水中的阴离子与阴树脂上的 $OH^-$ 进行交换,生成的 $H^+$ 和 $OH^-$ 又化合成 $H_2O$,这样就获得了纯水。用离子交换法制得的纯水较用蒸馏法制得纯水的手续简单,费用便宜,我们实验室使用的纯水就是这种离子交换水。离子交换树脂在化学、冶金和选矿等领域的生产和科研方面有广泛的用途。

　　本实验是利用 H 型强酸性阳离子交换树脂的交换作用测定 $CaSO_4$ 的溶解度。方法是准确量取 50mL $CaSO_4$ 饱和溶液,使其流经 H 型阳离子交换树脂的交换柱,流出的溶液收集在一个 250mL 的容量瓶中,再使 100mL 去离子水流经交换柱,将柱中交换出的 $H^+$ 完全流入容量瓶中,最后用去离子水将容量瓶中的溶液稀至刻线,摇匀后,用 pH 计测定容量瓶中溶液的 pH 值。根据测定的 pH 值可计算出 $CaSO_4$ 的溶解度。反应为

$$2R—SO_3^-H^+ + Ca^{2+} = (R—SO_3^-)_2Ca^{2+} + 2H^+$$

　　因为　　　　　　　　　　　$pH = -lgc(H^+)$

　　所以根据测定的 pH 值可求出 250mL 容量瓶中的 $[H^+]$,当然 $[H^+]$ 是由 $Ca^{2+}$ 交换获得的,由交换反应看出 1 个 $Ca^{2+}$ 能交换出 2 个 $H^+$,所以折算成 $Ca^{2+}$ 的浓度为

$$[Ca^{2+}] = \frac{c(H^+)}{2}$$

　　再利用 $c_1V_1 = c_2V_2$ 计算出原 500mL $CaSO_4$ 饱和溶液中的 $c(Ca^{2+})$ 就求出了 $CaSO_4$ 在测定温度时的溶解度。

　　$CaSO_4$ 饱和溶液在交换前后,溶液中的 $Ca^{2+}$ 和 $SO_4^{2-}$ 是否存在可用 $Na_2C_2O_4$ 溶液和 $BaCl_2$ 溶液来检查。

### 三、实验用品

1. 仪器和材料

滴液漏斗(150mL),容量瓶(250mL),离子交换柱,玻璃两通活

塞,烧杯(150mL),玻璃漏斗,移液管(50mL),量筒(10mL、50mL),pHS-2F 型数字 pH 计,秒表,牛角勺,铁台,铁夹,铁环,性质实验常用仪器。

2. 药品

$CaSO_4$饱和溶液,$BaCl_2$(0.1mol/L),$Na_2C_2O_4$(0.1mol/L),H 型阳离子交换树脂,玻璃毛,滤纸。

**四、实验**

1. 实验装置

本实验的仪器主要是由 150mL 滴液漏斗(或用分液漏斗),离子交换柱和 250mL 容量瓶三件玻璃仪器组成的。先将三件玻璃仪器清洗,然后将离子交换柱用铁夹按图 5-4 的位置夹在铁台上,250mL 容量瓶拿掉瓶塞放在交换柱的下面并使交换柱的下导管微微插入容量瓶的口中,150mL 滴液漏斗先放在铁架台上面的一个铁环上以备使用。

将含有 $CaSO_4$ 沉淀的饱和溶液的细口瓶轻轻取下,用50mL 移液管小心吸取上清液50mL 放入 150mL 滴液漏斗中以备使用。

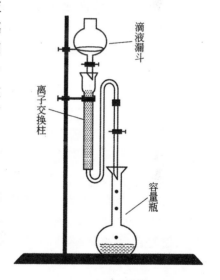

图 5-4 实验装置

2. 装柱

由离子交换柱的上口用玻璃棒向柱中推入少许玻璃毛,使柱底有一薄层玻璃毛,以免树脂小颗粒落入下面的细导管中。然后向交换柱中加入去离子水至上面敞口处。用牛角勺由小磨口瓶中取 H 型阳离子交换树脂慢慢由交换柱上面敞口加入交换柱水中,使树脂自然沉降至柱中,至敞口下部为止。在加树脂的过程中,当发现柱中水将要溢出交换柱上口时,可打开导管上的玻璃活塞放出少量水,再继续加树脂。但注意始终保持树脂浸在水中。

### 3. 离子交换

上面准备工作做好后,移开 250mL 容量瓶,并在交换柱下导管口处放一个 10mL 小量筒,慢慢扭开交换柱的玻璃活塞使水流出,同时用秒表计时,调整流出水的速度为 $4 \sim 5$mL/min,在调流速过程中注意不要将柱中树脂露出水面,所以要在上口随时用洗瓶加入去离子水。流速调好后,立即拿开小量筒并用 250mL 容量瓶盛接流出液(流速调好后直到实验完不再扭动交换柱上的玻璃活塞),同时将盛 50mL $CaSO_4$ 饱和溶液的滴液漏斗放在交换柱上面的铁环中,并扭开其上的玻璃活塞使 $CaSO_4$ 饱和溶液流入交换柱中进行交换,调整滴液漏斗的流速使其与交换柱的流速大致相同,这样就使交换自动进行。当 $CaSO_4$ 饱和溶液流完后,用 50mL 量筒向滴液漏斗中分两次加入共计 100mL 去离子水,使水继续流经交换柱,以保证交换后的 $H^+$ 完全洗入容量瓶中。当 100mL 去离子水流完后,关闭交换柱的玻璃活塞。移开容量瓶并向容量瓶中加入去离子水稀释至刻线,摇匀,用 pH 计测定溶液的 pH 值 2 次。

| 实验记录 | 1 | 2 | 平均值 |
|---|---|---|---|
| pH 测定值 | | | |

### 4. $CaSO_4$ 饱和溶液交换前后溶液中 $Ca^{2+}$ 和 $SO_4^{2-}$ 的检查

(1) 向试管中滴加交换前的 $CaSO_4$ 饱和溶液 8 滴,再滴加 30 滴去离子水,摇匀后,慢慢滴加 0.1mol/L $BaCl_2$ 溶液,同时摇动试管观察是否出现白色 $BaSO_4$ 沉淀。

(2) 向试管中滴加交换前的 $CaSO_4$ 饱和溶液 8 滴,再滴加 30 滴去离子水,摇匀后,慢慢滴加 0.1mol/L $Na_2C_2O_4$ 溶液,同时摇动试管观察是否出现白色 $CaC_2O_4$ 沉淀。

(3) 取容量瓶中交换后的溶液 2mL,慢慢滴加 0.1mol/L $BaCl_2$ 溶液,同时摇动试管观察是否出现白色 $BaSO_4$ 沉淀。

(4) 取容量瓶中交换后的溶液 2mL,慢慢滴加 0.1mol/L $Na_2C_2O_4$ 溶液,同时摇动试管观察是否出现白色 $CaC_2O_4$ 沉淀。

### 5. 数据处理

根据 pH 校正值的 2 次平均值计算 $CaSO_4$ 的溶解度。

**五、扩展实验**

$PbCl_2$ 溶度积的测定。

要求：设计方案交教师检查后进行测定。

**六、检查题**

（1）写出下面问题的书面材料，在实验前交教师检查。

在 20℃时 50mL $CaSO_4$ 饱和溶液经 H 型阳离子交换树脂和洗涤流入 250mL 容量瓶中，并稀释至 250mL 刻线，试计算容量瓶中溶液的 pH 值。已知 20℃时 $CaSO_4 \cdot 2H_2O$ 的溶解度为 0.2036g/100mL $H_2O$；$CaSO_4 \cdot 2H_2O$ 相对分子质量为 172.14。

（2）准备好下面问题的口头答案，以备实验时教师提问。

试说明利用 H 型阳离子交换树脂测定 $CaSO_4$ 溶解度的基本原理。

**附注**

1. $CaSO_4$ 饱和溶液的制备

（1）取市售化学纯硫酸钙固体放入烧杯中加入 300～400mL 去离子水，经搅拌成浑浊体，静置沉降后，倾去上清液，如此处理 4～5 次，获得细的 $CaSO_4$ 沉淀，然后加去离子水转移至细口瓶中以备使用。

（2）若无市售硫酸钙固体，可利用化学反应制备 $CaSO_4$ 沉淀。取 0.2mol/L $Ca(NO_3)_2$ 或 $CaCl_2$ 溶液 100mL 和 0.2mol/L $H_2SO_4$ 溶液 100mL 放入 500mL 烧杯中发生 $CaSO_4$ 沉淀，经搅拌静置后，倾去上清液，再加 300～400mL 去离子水，再搅拌静置后，倾去上清液，如此处理 6～7 次，再加去离子水转移至细口瓶中以备使用。

用钙盐和硫酸制取 $CaSO_4$ 沉淀较好，因溶液中所含的其他阳离子仅是 $H^+$，所以在处理过程中随时用 pH 试纸检查溶液的 pH 值，当溶液 pH 值等于 5～6 时即可使用。

2. 树脂的处理和树脂的交换容量

新树脂必须用去离子水浸泡一昼夜，使其充分膨胀后才能使用或转型，若使用 Cl 型阴树脂做 $Cl^-$ 交换的定量实验，树脂在浸泡后，必须再经多次洗涤直至用 $AgNO_3$ 溶液检查洗涤水中无自由 $Cl^-$ 存在后，才能使用。

（1）732 型阳树脂转为 H 型的处理。将水浸泡后的树脂,用 2mol/L HCl 溶液浸泡一昼夜,如此处理 3 次,然后用去离子水洗至 pH 值为 5～6 时即可使用。

（2）717 型阴树脂转为 OH 型的处理。将水浸泡后的树脂,用 2mol/L NaOH 溶液浸泡一昼夜,如此处理 3 次,然后用去离子水洗至 pH 值为 9～10 时即可使用。

（3）树脂的交换容量:

732 型强酸性阳离子交换树脂为 0.0045mol/g 干树脂。

717 型强碱性阳离子交换树脂为 0.003mol/g 干树脂。

树脂的交换容量表示树脂的交换能力,比如 732 型阳树脂的交换容量为 0.0045mol/g 干树脂,即 1g 干树脂浸泡后进行交换,能交换 +1 价阳离子为 0.0045mol。

## 实验 7　反应速率与活化能的测定

### 一、目的

（1）了解浓度和温度对反应速率的影响。

（2）学习测定反应级数和活化能的实验方法以及处理实验数据和绘图的方法。

### 二、思考题

（1）如何测定对应于 $Fe^{3+}$ 和 $I^-$ 的反应级数。

（2）如何测定 $Fe^{3+}$ 与 $I^-$ 的反应的活化能。

### 三、原理

在酸性溶液中,$Fe(NO_3)_3$ 与 KI 发生如下反应

$$2Fe(NO_3)_3 + 2KI = 2Fe(NO_3)_2 + I_2 + 2KNO_3$$

此反应的速率方程式为

$$v = k\{c[Fe(NO_3)_3]\}^a[c(KI)]^b$$

反应速率可用单位时间内反应物浓度减少或生成物浓度增加来表示。$Fe^{3+}$ 与 $I^-$ 的反应速率可由单位时间内生成物 $I_2$ 浓度增加来表示。即

$$v = \frac{\Delta c(\mathrm{I_2})}{\Delta t} = k\{c[\mathrm{Fe(NO_3)_3}]\}^a[c(\mathrm{KI})]^b$$

若在实验过程中,取一定浓度的 KI 与不同浓度的 $\mathrm{Fe(NO_3)_3}$ 进行反应,观测生成相同浓度的 $\mathrm{I_2}$ 所需 $\Delta t$,则上式中 $\Delta c(\mathrm{I_2})$ 和 $c(\mathrm{KI})$ 均为定值,这样上式可写成

$$v = k'\{c[\mathrm{Fe(NO_3)_3}]\}^a$$

两边取对数

$$\lg v = \lg k' + a\lg\{c[\mathrm{Fe(NO_3)_3}]\}$$

以 $\lg\{c[\mathrm{Fe(NO_3)_3}]\}$ 值为横坐标,以 $\lg v$ 值为纵坐标绘图就获得一条直线,求直线的斜率就得到 $a$ 的值。

同理,固定 $\mathrm{Fe(NO_3)_3}$ 的浓度,测定其与不同浓度 KI 反应生成相同浓度的 $\mathrm{I_2}$ 所需的时间 $\Delta t$,就可以求出 $b$ 的值。

这个实验是根据生成相同浓度 $\mathrm{I_2}$ 作为测定终点,生成的 $\mathrm{I_2}$ 可由指示剂淀粉来确定,只要生成 $10^{-4} \sim 10^{-5}\,\mathrm{mol/L}$ 的 $\mathrm{I_2}$,就可以使淀粉变蓝,生成这样低浓度的 $\mathrm{I_2}$ 需时很短,在测定上较困难。解决的办法是向反应溶液中加入一定量的 $\mathrm{Na_2S_2O_3}$ 溶液。

$\mathrm{Na_2S_2O_3}$ 不与 $\mathrm{Fe(NO_3)_3}$ 和 KI 反应,对实验测定无影响。但能与 $\mathrm{I_2}$ 快速、定量地反应,使 $\mathrm{I_2}$ 变为 $\mathrm{I^-}$,反应式为

$$\mathrm{I_2 + 2Na_2S_2O_3 = Na_2S_4O_6 + 2NaI}$$

这样就在消耗一定量的 $\mathrm{Na_2S_2O_3}$ 后,溶液才出现蓝色,也就是当反应生成的 $\mathrm{I_2}$ 量与 $\mathrm{Na_2S_2O_3}$ 的量相当时溶液才出现蓝色。可见加入 $\mathrm{Na_2S_2O_3}$ 能控制蓝色出现的时间,因而大大提高了测定效果。

**四、实验用品**

1. 仪器和材料

秒表,恒温水浴,锥形瓶(100mL、250mL),温度计

2. 药品

$\mathrm{Fe(NO_3)_3}$(0.04mol/L)、$\mathrm{HNO_3}$(0.5mol/L)、KI(0.04mol/L)、$\mathrm{Na_2S_2O_3}$(0.004mol/L)、淀粉(0.2%)。

**五、实验**

1. 测定 $\mathrm{Fe^{3+}}$ 的反应级数 $a$

按表5-4准备实验1~5的溶液,并在室温的恒温水浴中恒温10~

15min。用温度计测量实验1溶液的温度,记录。迅速将100mL锥形瓶里的溶液倒入250mL锥形瓶中,同时按下秒表计时,并摇动锥形瓶几下,使溶液混合均匀(混合时,可临时将锥形瓶从恒温浴中取出)。当溶液中一出现蓝色,立即停止计时,再测量溶液温度,计算反应过程中的平均温度,记录反应的时间($\Delta t$)和平均温度 $T$。同法测定实验2、3、4、5的反应时间和反应的平均温度。

2. 测定 $I^-$ 的反应级数 $b$

按表5-4准备实验6、7、8的溶液,重复上述操作,测出反应时间($\Delta t$)和平均温度 $T$。

3. 温度对反应速率的影响

按表5-4准备9、10的溶液,把它们放在分别高于室温10℃和20℃的恒温水浴中恒温10~15min,然后把100mL锥形瓶中的溶液倒入250mL锥形瓶中,测出蓝色出现的时间和反应的平均温度。

**表5-4 实验记录表**

| 序 号 | 体积/mL | | | | | | | $\Delta t$/s | $T$/K |
| | 250mL 锥形瓶 | | | 100mL 锥形瓶 | | | | | |
| | 0.04 mol/L Fe(NO₃)₃ | 0.5 mol/L HNO₃ | H₂O | 0.04 mol/L KI | 0.004 mol/L Na₂S₂O₃ | 0.2% 淀粉 | H₂O | | |
|---|---|---|---|---|---|---|---|---|---|
| 1 | 10.00 | 20.00 | 20.00 | 10.00 | 10.00 | 5.00 | 25.00 | | |
| 2 | 15.00 | 15.00 | 20.00 | 10.00 | 10.00 | 5.00 | 25.00 | | |
| 3 | 20.00 | 10.00 | 20.00 | 10.00 | 10.00 | 5.00 | 25.00 | | |
| 4 | 25.00 | 5.00 | 20.00 | 10.00 | 10.00 | 5.00 | 25.00 | | |
| 5 | 30.00 | 0.00 | 20.00 | 10.00 | 10.00 | 5.00 | 25.00 | | |
| 6 | 10.00 | 20.00 | 20.00 | 5.00 | 10.00 | 5.00 | 30.00 | | |
| 7 | 10.00 | 20.00 | 20.00 | 15.00 | 10.00 | 5.00 | 20.00 | | |
| 8 | 10.00 | 20.00 | 20.00 | 20.00 | 10.00 | 5.00 | 15.00 | | |
| 9 | 10.00 | 20.00 | 20.00 | 10.00 | 10.00 | 5.00 | 25.00 | | |
| 10 | 10.00 | 20.00 | 20.00 | 10.00 | 10.00 | 5.00 | 25.00 | | |

**六、数据处理**

(1)计算初始平均速率:

$v_0 = c(S_2O_3^{2-})/2\Delta t$，$c(S_2O_3^{2-})$ 表示混合溶液中 $Na_2S_2O_3$ 的初始浓度（$4\times10^{-4}$mol/L），$\Delta t$ 表示溶液开始混合到蓝色出现的时间间隔。

（2）计算每个实验中 $Fe^{3+}$ 的初始浓度，$I^-$ 的初始浓度及 $Fe^{3+}$ 的平均浓度：

$$c_{平均}(Fe^{3+}) = c_{初始}(Fe^{3+}) - \frac{1}{2}c_{初始}(S_2O_3^{2-}) = c_{初始}(Fe^{3+}) - 2\times10^{-4}\text{mol/L}$$

（3）根据实验 1～5 的数据，将 $\lg v_0$ 对 $\lg c_{平均}(Fe^{3+})$ 作图，求相对于 $Fe^{3+}$ 的反应级数 $a$。

（4）根据实验 1、6、7、8 的数据，作图求出相对于 $I^-$ 的反应级数 $b$。

（5）把 $a$ 和 $b$ 约化成整数，写出速率方程式。

（6）根据实验 9、10、1 数据，代入上面的速率方程式中，计算在 3 个不同温度下的 $k$ 值。进一步求出反应的活化能 $E_a$ 值。

将以上计算数据绘制成表格。

**七、问题**

（1）测定时，加入硫代硫酸钠和淀粉溶液有何作用？

（2）反应溶液出现蓝色是否表示溶液中 $Fe^{3+}$ 或 $I^-$ 已经反应完？此时已反应的 $c(Fe^{3+})$ 和加入的 $c(S_2O_3^{2-})$ 有何关系，反应前后 $c(I^-)$ 有无变化，相应的浓度 $[c(Fe^{3+})$ 和 $c(I^-)]$ 应用初始浓度还是平均浓度？

## 5.3 综合性实验

### 实验 8 反应热的测定及活性氧化锌的制备

**一、目的**

（1）了解测定化学反应焓变的原理。

（2）练习电子天平的使用和溶液配制。

（3）了解活性氧化锌的制备方法。

**二、思考题**

（1）用量热计测定反应热，要测哪些数据？

（2）根据实验现象，试述检验氧化锌纯度的方法。

**三、原理**

反应体系分为敞开体系、封闭体系、绝热体系。

既有物质交换又有能量交换为敞开体系,没有物质交换只有能量交换为封闭体系,既没有物质交换也没有能量交换为绝热体系。

化学反应通常是在恒压条件下进行的,恒压下进行的化学反应的热效应为等压热效应。在化学热力学中,用焓变 $\Delta H$ 来表示。放热反应体系能量降低 $\Delta H$ 为负值,吸热反应体系能量增加 $\Delta H$ 为正值。

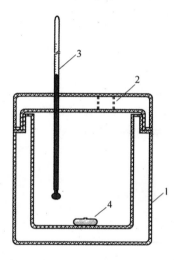

**图 5-5　简易量热计**
1—有机玻璃保温杯;2—锌粉加料口;
3—温度计;4—搅拌子

此反应的焓变的理论值为
$$\Delta H^{\ominus} = -216.8\text{kJ/mol}$$

本实验是在绝热条件下使锌粉和 $CuSO_4$ 溶液在量热计中反应。
$$Cu^{2+} + Zn = Zn^{2+} + Cu$$
$$\Delta H^{\ominus} = -216.8\text{kJ/mol}$$

量热计中溶液温度升高的同时也使量热计的温度相应地提高。因此,反应放出的热量可按式(5-5)计算。

$$\Delta H = -\frac{mc_s + C_p}{1000n}\Delta T \qquad (5\text{-}5)$$

式中　　$\Delta H$——反应的焓变,kJ/mol;

　　　　$m$——溶液的质量,g;

　　　　$c_s$——溶液的比热容,J/(g·K);

　　　　$C_p$——量热计的热容,J/K;

　　　　$n$——反应溶液中发生反应的

　　　　　　物质的量,mol;

　　　　$\Delta T$——温度差,K。

在使用绝热反应器、测定精度要求不高时,用水的比热容 $c[4.184\text{J/(g·K)}]$ 代替溶液的比热容。则反应焓变可由式(5-6)计算

$$\Delta H = -\frac{mc + C_p}{1000n}\Delta T = -\left(\frac{mc}{1000n} + \frac{C_p}{1000n}\right)\Delta T \qquad (5\text{-}6)$$

式(5-6)中 $n = 0.2000 \times 100/1000 = 0.02000$, $m \approx 100\text{g}$, $c \approx c(水) = 4.184\text{J/(g·K)}$。

即 $\Delta H = -(20.9 + C_p/20)\Delta T$

所谓"量热计的热容"是指量热计温度升高 1K 所需的热量。在测

定反应焓变之前必须先确定所用量热计的热容,否则 $\Delta H$ 测定值偏低。测定方法大致如下:在量热计中加入一定质量的冷水(如 50g),测定其温度为 $T_1$,加入相同质量的热水温度为 $T_2$ 混合后的温度为 $T_3$。即

$$热水失热 = (T_2 - T_3) \times G \times c$$
$$冷水得热 = (T_3 - T_1) \times G \times c$$
$$量热计得热 = (T_3 - T_1) \times C_p$$

因为热水失热与冷水得热之差即为量热计得热,故量热计的热容:

$$C_p = \frac{(T_2 - T_3) \times G \times c - (T_3 - T_1) \times G \times c}{T_3 - T_1}$$

由于反应后的温度需要经过一段时间才能升到最高数值,而实验所用量热器又非严格的绝热体系(虽然绝热性能很好),在实验中,量热器不可避免地会与环境发生少量热交换,再加上 1/10 刻度温度计中水银柱的热惰性等,故采用外推法可适当消除这一影响。外推法原理如图 5-6 所示。

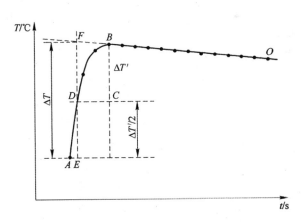

图 5-6 反应时间与反应温度的关系

(1)以温度为纵坐标,以时间为横坐标作图,得到温度随着时间变化曲线 $ABO$,$B$ 点是观测到最高温度读数点,$A$ 点是未加锌粉时溶液的恒定温度读数点。加锌粉后各点至最高点为一曲线($AB$),最高

点后各点绘成一直线$(BO)$。

（2）量取 $AB$ 两点间的垂直距离为反应前后温度变化值 $\Delta T'$。

（3）画通过 $\Delta T'$ 的中点 $C$ 且平行于横坐标的直线，交 $AB$ 曲线于 $D$ 点。

（4）过 $D$ 点做垂线，交 $OB$ 直线延长线于 $F$ 点。$A$ 点和 $F$ 点的垂直距离 $EF$ 为校正后的真正温度改变值 $\Delta T$。

工业上常用碱式碳酸锌分解法制活性氧化锌。理论上碱式碳酸锌加热 300℃ 以上即分解，为提高反应速率，一般在 600℃ 加热分解。

**四、实验用品**

1. 仪器和材料

电子天平，循环水式真空泵，台平，量热计，马弗炉，秒表，温度计 $(50℃ \pm 0.1℃)$、烧杯（250mL）、容量瓶（250mL）、移液管（50mL），pH 试纸。

2. 药品

$H_2SO_4$（2mol/L），$H_2O_2$（5%），NaOH（2mol/L，6mol/L），HCl（6mol/L），$NH_4SCN$（0.5mol/L），固体 $CuSO_4 \cdot 5H_2O$，$Na_2CO_3$，锌粉。

**五、实验**

1. 硫酸铜溶液配制

配制 0.2000mol/L $CuSO_4$ 溶液 250mL。

要求（写出溶液配制过程）：

（1）记录称量的 $CuSO_4 \cdot 5H_2O$ 的质量；

（2）重新计算并记录配制的 $CuSO_4$ 溶液的浓度。

2. 测定量热计热容 $C_p$

（1）用量筒取 50mL 去离子水放入干燥的量热计中，盖好盖子，缓慢搅拌，几分钟后观察温度，若连续 3min 温度没有变化，说明体系温度已达到平衡，记下此时温度 $T_1$（精确到 0.1℃）。

（2）准备好 50mL 约比 $T_1$ 高 20~30℃ 的热水，准确读出此温度 $T_2$，迅速将此热水倒入量热计中，盖好盖子，并不断搅拌，开始时每 15s 记录温度一次，当温度升到最高点后（在温度下降期间也不停搅拌），继续观测 3min（每 30s 记录一次）。作出温度-时间曲线图，求出 $\Delta T$ $(\Delta T = T_3 - T_1)$。

3. 反应焓变的测定

(1) 用台平称取 2g 锌粉。

(2) 用 50mL 移液管准确量取已配好的 $CuSO_4$ 溶液 100mL，注入已经用水洗净且干燥的量热计中。

(3) $CuSO_4$ 溶液的温度稳定后，记录此时温度即起始温度，迅速加入称量的锌粉，立即盖好盖子，按下秒表，不断快速搅拌，并每隔 15s 记录一次温度。记录到最高温度后，再继续按上述方式(即每隔 15s 记录一次温度)持续测温 3min，计算测量误差。

(4) 溶液倒入烧杯，用于制备活性氧化锌。

(5) 按图 5-6 所示，用作图法求出温度差 $\Delta T$，按式(5-6)计算反应焓变，与理论值比较，计算误差并讨论。

4. 制备活性氧化锌

(1) 活性氧化锌制备。测定焓变后的混合物过滤，洗涤固体 3 遍，固体回收。滤液用 2mol/L $H_2SO_4$ 酸化(pH 值介于 1～2 广泛试纸测试)，滴 10 滴以上 5% $H_2O_2$，用 6mol/L NaOH 调节到 pH 值介于 4～4.5(精密试纸测试)，此时溶液应为透明(若出现白色混浊或沉淀，应用 $H_2SO_4$ 回调)，过滤得到纯化的 $ZnSO_4$ 溶液。分批加入过量 $Na_2CO_3$ 固体(计算 $Na_2CO_3$ 固体量)，使产生大量白色胶状沉淀。稍热(50～60℃)，减压过滤，沉淀洗涤 2 遍。沉淀转移到坩埚中，在马弗炉中恒温 600℃灼烧 15～20min。冷却后，称重，计算产率(思考以什么为基准计算)。

(2) 氧化锌溶解性、纯度检验。取 3 支试管，各加微量上述 ZnO 固体粉末，分别加入去离子水、6mol/L NaOH 和 6mol/L HCl，观察溶解情况。

取适量酸溶后的溶液，加入 0.5mol/L $NH_4SCN$ 溶液，检验 $Fe^{3+}$ (根据颜色判断 Fe 含量及纯度)。

根据上述实验结果得出 ZnO 性质的结论并写出相关反应方程式。

## 六、问题

(1) 用水的比热容代替溶液的比热容，对实验结果有何影响？

(2) 去除杂质铁，应先将 $Fe^{2+}$ 氧化为 $Fe^{3+}$，再加氢氧化钠。应用何种氧化剂，最后 pH 值为多少？

(3) 影响焓变测定的误差因素有哪些？(全分析)

## 实验 9　利用废铝罐制备明矾

### 一、目的

(1) 了解废弃物利用的意义及其经济价值。

(2) 了解用废铝罐制备明矾的实验原理。

(3) 复习溶解、过滤、结晶、干燥等基本操作,并使用冰水浴。

### 二、思考题

(1) 废弃物利用有哪些现实意义,由此你又想到了哪些可利用的废弃物,如何利用它们?

(2) 利用废铝罐制备明矾的操作关键是什么?

(3) 结晶操作应注意什么?

### 三、原理

铝与过量的碱反应,形成可溶性的 $Al(OH)_4^-$。$Al(OH)_4^-$ 在弱酸性溶液中再脱去一个 $OH^-$,形成 $Al(OH)_3$ 沉淀。随着酸度的增加,$Al(OH)_3$ 又重新溶解,形成 $Al(H_2O)_6^{3+}$。像这样,既能够与酸又能够与碱反应的物质,称为两性物质。

本实验的产物明矾 $[KAl(SO_4)_2 \cdot 12H_2O]$ 也称硫酸钾铝、钾铝矾、铝钾矾等。矾类 $[M^+ M^{3+}(SO_4)_2 \cdot 12H_2O]$ 是一种复盐,能从含有硫酸根、三价阳离子(如:$Al^{3+}$、$Cr^{3+}$、$Fe^{3+}$ 等)与一价阳离子(如:$K^+$、$Na^+$、$NH_4^+$)的溶液中结晶出来。它含有 12 个结晶水,其中 6 个结晶水与三价阳离子结合,其余 6 个结晶水与硫酸根及一价阳离子形成较弱的结合。复盐溶解于水中即离解出简单盐类溶解时所具有的离子。

反应原理如下:

铝与 KOH 反应:$2Al + 2KOH + 6H_2O \rightarrow 2Al(OH)_4^- + 2K^+ + 3H_2$

加入 $H_2SO_4$:$2Al(OH)_4^- + H^+ \rightarrow Al(OH)_3 \downarrow + H_2O$

继续加入 $H_2SO_4$:$Al(OH)_3 \downarrow + 3H^+ \rightarrow Al^{3+} + 3H_2O$

加入 $K^+$ 生成明矾:$K^+ + Al^{3+} + 2SO_4^{2-} + 12H_2O \rightarrow KAl(SO_4)_2 \cdot 12H_2O$

### 四、实验用品

#### 1. 仪器和材料

铝罐 1 只(自备),台平,剪刀,烧杯(250mL),量筒(50mL、

100mL),酒精灯,石棉网,三角架,火柴,三角漏斗,漏斗架,滤纸,搅拌棒,布氏漏斗,水泵,吸滤瓶,砂纸,表面皿,pH 试纸,比色板。

2. 药品

KOH(1mol/L),$H_2SO_4$(6mol/L),乙醇,镁试剂,$(NH_4)_2C_2O_4$ 饱和溶液,$K_4[Fe(CN)_6]$,$NH_4SCN$,$AgNO_3$(0.1mol/L),$NH_3 \cdot H_2O$(6mol/L),$HNO_3$(6mol/L)。

**五、实验**

将铝罐剪成铝片,用砂纸除去表面的颜料和塑料内膜,操作时注意不要磨损实验台面。洗净,再将铝片剪成小片。

称取 1g 铝片于 250mL 烧杯中,加入 1mol/L KOH 溶液 60mL,小火加热至铝片完全溶解。冷却,常压过滤,滤去不溶物。将 25mL 的 6mol/L $H_2SO_4$ 溶液在搅拌下缓慢地加入滤液中,得到清液。若仍有白色沉淀物,可加热溶解或再适当加入少量 $H_2SO_4$,观察现象,并做好记录,写出有关反应式。

将上述溶液置于冰水中冷却,使明矾析出,用布氏漏斗抽气过滤。产品用少量蒸馏水洗涤 2~3 次,最后用乙醇洗涤 1 次,抽气干燥,取出产品,称重,计算产率。

取少量明矾溶于水中,再取少量液体,分别检测其是否含有 $Fe^{3+}$、$Mg^{2+}$、$Ca^{2+}$、$Cl^-$ 存在,检验方法见附录Ⅶ和附录Ⅷ。观察并记录溶液中发生的现象,得出明矾溶液中是否含有 $Fe^{3+}$、$Mg^{2+}$、$Ca^{2+}$、$Cl^-$。

**六、问题**

你在实验中遇到了哪些问题,是如何处理的?


# 实验10 铝的阳极氧化


**一、目的**

(1) 了解铝表面处理工艺技术。

(2) 了解电解在生产实际中的应用。

(3) 掌握铝的阳极氧化及化学着色技术。

**二、思考题**

(1) 铝的阳极氧化操作时为什么要"带电入槽,带电出槽"?

（2）铝合金金属表面除油除污的方法是什么？

（3）如何使氧化膜的形成速度大于溶解速度？

（4）设计如何对氧化膜进行导电性检验？

**三、实验原理**

铝及铝合金表面容易生成一层极薄的氧化膜（约 $10\sim20nm$），在大气中有一定的抗蚀能力。但由于这层氧化膜是非晶的，它使铝件表面失去光泽。此外，氧化膜疏松多孔、不均匀、抗蚀能力不强，且容易沾染污迹。因此，铝及铝合金制品通常需要进行表面氧化处理。

用电化学方法可以在铝或铝合金表面生成较厚的致密氧化膜，这个过程称为阳极氧化。氧化膜厚度可达几十到几百微米，使铝及铝合金的抗蚀能力大有提高。同时氧化膜具有高绝缘性和耐磨性，还可以进行着色，提高美观度。

阳极氧化膜的结构如图 5-7 所示。

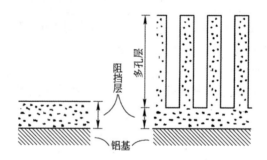

图 5-7　阳极氧化结构示意图

阳极氧化的方法有许多，以下介绍硫酸阳极氧化法。

以石墨为阴极，铝为阳极，在一定浓度的硫酸介质中进行电解。

阴极反应：$2H^+(aq) + 2e = H_2(g)$

阳极反应：$Al(s) = Al^{3+}(aq) + 3e$

$$Al^{3+}(aq) + 3H_2O = Al(OH)_3(s) + 3H^+$$

$$2Al(OH)_3(s) = Al_2O_3 + 3H_2O$$

在阳极氧化过程中，硫酸又可以使形成的 $Al_2O_3$ 部分溶解，所以氧化膜的生长与金属的氧化速度和氧化膜的溶解速度有关。要得到一定厚度的氧化膜,必须控制氧化条件,如增大电压、增加溶液的导电能力等,使氧化膜的形成速度大于溶解速度。

着色原理是使溶液中某种粒子进入氧化膜孔隙,在孔隙中发生反应生成不易腐蚀的物质,从而保护内层的纯铝不受外界物质浸入,增强铝合金表面的耐腐蚀能力。

### 四、实验用品

1. 仪器和材料

直流稳压电源,电解槽,万用表,台平,铝片(50mm×80mm),温度计,酒精灯,烧杯(500mL,150mL),量筒(200mL,20mL),广泛 pH 试纸。(自带格尺)

2. 药品

$HNO_3$(2mol/L),NaOH(5%),HCl(2mol/L),$H_2SO_4$(20%)。着色剂:A 为 $CuSO_4$(0.2mol/L),B 为 $K_4[Fe(CN)_6]$(0.04mol/L)。

### 五、实验方法

1. 铝片预处理

步骤:砂纸打磨→水洗→盐酸洗(5～10min)→水洗→碱洗(1min)→水洗→硝酸洗(5～10min)→水洗。清洗后的铝片保存在水中(不可沾污)。

2. 阳极氧化

用 20% $H_2SO_4$ 为电解液,以石墨为阴极,2 个铝片为阳极(先接通电源,接好导线,使铝片带电入槽,为什么),按图 5-8 连线。调节电压 20V,然后依据电流密度为 10～20mA/cm² 调节电流大小(电极面积按浸入溶液的面积计算,先计算出面积),通电时间 30min。

阳极氧化结束后,先取出铝片,再断电(为什么)。用自来水冲洗后,做下一步处理。

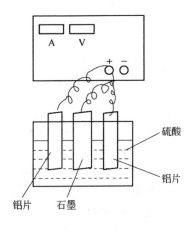

图 5-8 实验连线图

### 3. 水封和着色

通过阳极氧化得到的氧化膜，具有高孔隙度和吸附性，很容易被侵蚀、污染。氧化后的铝片要进行适当处理，如水封，其方法是将铝片放入 80～100℃ 的水中煮 10～20min。

（1）着色。由于氧化膜具有高孔隙度和较高的吸附活性，可经一定工艺染上各种颜色。

取一片铝放入着色液中进行着色。

着色方法：先在 A 溶液中浸泡 5～10min，取出经水洗后，放入 B 溶液中浸泡 5～10min，取出，水洗后（如颜色较浅可重复上述着色）水封。

写出着色反应方程式。

（2）水封：

1）未着色铝片在沸水中煮 20min。晾干，检验导电性。

2）用醋酸调节水的 pH 值为 5.5～6.5（根据具体情况待定），加热到 80℃，放入着色铝片水封 10min。自然晾干，观察颜色，检验导电性。

### 4. 铝氧化膜质量评价

取氧化的未着色的铝片及未氧化的铝片，分别各滴加 1 滴氧化膜质量检验液，观察颜色的变化时间。

（由于检验液中六价铬被铝还原为三价铬，故颜色由橙色变为绿色，绿色出现的时间越长，氧化膜的质量越好。）

### 5. 氧化膜孔隙率的测定

配制 20g/L 氯化钠，20g/L 硫酸铜混合液，于烧杯中备用。

将阳极氧化膜用去离子水冲洗干净，在样品表面划出 $1cm^2$ 大小面积，然后利用滴管在其表面滴加上述溶液，将所划区域覆盖，20min 后，数其表面上留下的斑点数目。

### 6. 氧化膜的形貌观察

用金相显微镜观察氧化后膜的形貌及特征，并用数码相机拍照。

### 六、问题

（1）简述水封的作用。

（2）铝表面没有清洗干净，对氧化膜形成有什么影响？

（3）阳极的电流密度如何计算？

## 实验 11　由废铜粉制备硫酸铜

### 一、目的

（1）了解由废铜粉制备硫酸铜的原理和方法。

（2）练习和掌握过滤、蒸发、结晶和干燥等基本操作。

### 二、思考题

（1）如何去除铜粉中的金属锌？

（2）$KMnO_4$、$K_2Cr_2O_7$、$Br_2$、$H_2O_2$ 都可以将 $Fe^{2+}$ 氧化成 $Fe^{3+}$，你认为选用哪一种氧化剂较为合适，为什么？

（3）调节溶液的 pH 值为什么常选用稀酸、稀碱，而不用浓酸、浓碱，除酸、碱外，还可选用哪些物质来调节溶液的 pH 值，选用的原则是什么？

### 三、原理

本实验是利用实验 8 中的副产品废铜粉制备硫酸铜。

$CuSO_4 \cdot 5H_2O$ 是蓝色三斜晶体，俗称胆矾、蓝矾或铜矾，在干燥空气中会缓慢风化，150℃以上失去 5 个结晶水，成为白色无水硫酸铜，它具有极强的吸水性，吸水后显蓝色，可用来检验某些有机液体中是否残留有水分。$CuSO_4 \cdot 5H_2O$ 用途广泛，是制取其他固体铜盐和含铜农药如波尔多液的基本原料，它在印染工业上用作助催化剂。

纯铜属于不活泼金属，不能溶于非氧化性的酸中。在工业上制备 $CuSO_4 \cdot 5H_2O$ 有多种方法，例如氧化铜酸化法——铜料或废铜在反射炉煅烧成氧化铜后与酸反应。硝酸氧化法——废铜与硫酸、硝酸反应等。

由实验 8 中回收的废铜粉，大部分是铜锌混合物，根据此特点，首先应将铜进行提纯。采用浓硝酸作氧化剂，铜与硫酸、浓硝酸作用制备硫酸铜。反应式为

$$Cu + 2HNO_3 + H_2SO_4 = CuSO_4 + 2NO_2 \uparrow + 2H_2O$$

溶液中除生成硫酸铜外，还含有一定量的硝酸铜和其他一些可溶性或不溶性的杂质。

　　不溶性杂质可过滤除去,利用硫酸铜和硝酸铜在水中溶解度的不同可将硫酸铜分离提纯。

　　有关盐类的溶解度(g/100g $H_2O$)见表 5-5。

**表 5-5　不同温度下几种铜盐的溶解度(g/100g $H_2O$)**

| 温度/℃ | 0 | 10 | 20 | 30 | 40 |
|---|---|---|---|---|---|
| $CuSO_4 \cdot 5H_2O$ | 14.3 | 17.4 | 20.7 | 25.0 | 28.5 |
| $Cu(NO_3)_2 \cdot 6H_2O$ | 81.8 | 95.28 | 125.1 | —— | —— |
| $CuCl_2 \cdot 2H_2O$ | 70.7 | 73.76 | 77.0 | 80.34 | 83.8 |

　　由上述表中数据可见,硝酸铜等在水中的溶解度不论在高温或低温下都比硫酸铜大得多,因此当热溶液冷却到一定温度时,硫酸铜首先达到过饱和而开始从溶液中结晶析出,随着温度的继续下降,硫酸铜不断从溶液中析出,这小部分的硝酸铜和其他一些可溶性杂质可再经重结晶的方法而被除去,最后达到制得纯硫酸铜的目的。

**四、实验用品**

　　1. 仪器和材料

　　台平,离心机,水浴锅,离心试管(15mL),量筒(10mL),漏斗,表面皿,吸滤瓶,布氏漏斗,蒸发皿,综合热分析仪,废铜粉,pH 试纸。

　　2. 药品

　　HCl(2mol/L),$H_2SO_4$(1mol/L,3mol/L),浓 $HNO_3$,$NH_3 \cdot H_2O$(2mol/L),$AgNO_3$(0.1mol/L),$H_2O_2$(3%)。

**五、实验及数据处理**

　　1. 铜的提纯

　　称取 4.0g 废铜粉于干净的 100mL 的烧杯中,加入 20～25mL 2mol/L HCl,搅拌,使铜粉中的锌和 HCl 反应直至不再有气泡冒出为止。然后将烧杯中物质反复洗涤过滤,直到用 $AgNO_3$ 检测最后一次上清液中没有 $Cl^-$ 存在。将经过处理后的单质铜转移到干净的蒸发皿中。

　　2. 五水合硫酸铜的制备

　　往盛有单质铜的蒸发皿中加入 10mL 3mol/L $H_2SO_4$,然后缓慢分批加入 3mL 浓硝酸(反应过程中产生大量有毒的 $NO_2$ 气体,操作应在通风橱内进行)。待铜溶解后,趁热用倾泻法将溶液转移到一个小烧杯中,留下不溶性杂质,然后再将硫酸铜溶液转回洗净的蒸发皿中(如溶液无杂质,此过程可不做)。在水浴上蒸发浓缩,至表面出现晶体膜为止(蒸发过程中不宜搅动)。取下、放置、使溶液慢慢冷却,五水合硫酸铜即可结晶出来。用减压过滤法滤出晶体,把晶体用滤纸吸干,观察晶体的形状和颜色,称重,并计算产率。

3. **重结晶法提纯五水合硫酸铜**

将每克粗产品以 1.2mL 水的比例,溶于蒸馏水中,加热使 $CuSO_4 \cdot 5H_2O$ 完全溶解。冷却,滴加 3mL 3% $H_2O_2$,同时在不断搅拌下滴加 2mol/L $NH_3 \cdot H_2O$,至溶液的 pH 值为 3.5～4.0(去除 $Fe^{3+}$),再加热 10min,趁热抽滤,滤液转入蒸发皿中,用 1mol/L $H_2SO_4$ 酸化,调节 pH 值至 1～2,然后加热,蒸发浓缩至表面出现晶膜为止。冷却结晶,抽滤,即可得到精制 $CuSO_4 \cdot 5H_2O$,(如无晶体析出,可在水浴上再加热蒸发,使其结晶)。晶体用滤纸吸干,称重,计算产率。母液回收。

4. **产品的热重分析**

按照差热分析仪的操作步骤对产品进行热重分析。操作条件如下:

样品质量:10～15mg

热重量程:25mg

升温速度:5℃/min

设定升温温度:300℃

测定完成后,处理数据,得出此水合硫酸铜分几步失水,每步失水的失水温度,样品总失水的质量,每摩尔水合硫酸铜含多少摩尔结晶水(计算结果四舍五入取整数),确定出水合硫酸铜的化学式。再计算出每步失掉几个结晶水,最后查阅 $CuSO_4 \cdot 5H_2O$ 的结构,结合热重分析结果说明 $CuSO_4$ 五个结晶水的热稳定性不同的原因。

**六、问题**

(1) 浓硝酸在本实验中起什么作用,为什么要分批加入?

(2) 总结和比较倾泻法、常压过滤、减压过滤和热过滤等固液分离方法的优缺点。

（3）硫酸铜中杂质 $Fe^{2+}$ 为什么要氧化为 $Fe^{3+}$ 后再除去,而除 $Fe^{3+}$ 时,为什么要调节溶液的 pH 值为 4.0 左右,pH 值太大或太小有什么影响。

（4）精制后的硫酸铜为什么要滴稀硫酸调节 pH 值至 1~2,然后再加热蒸发。

## 实验 12　废水处理及化学耗氧量的测定

**一、目的**

（1）了解吸附法处理有色废水的原理和方法。

（2）熟悉化学耗氧量的测定原理和方法。

（3）学会用高锰酸钾法测定化学耗氧量。

**二、思考题**

（1）受污染水体中常含有还原性物质,它的存在为什么会造成水质恶化?

（2）处理有色废水的方法有哪些? 简述活性炭吸附法处理染料废水。

（3）何谓化学耗氧量?

**三、原理**

受污染的水体中通常含有还原性物质,它们会消耗水中的溶解氧,使水中缺氧而造成水质恶化。水质被污染的程度或水中还原性物质的多少,常用化学耗氧量(Chemical Oxygen Demand,简称 COD)来表征。化学耗氧量是在一定条件下,用强氧化剂处理水样时所消耗的氧化剂的量,换算成氧的含量(以 mg/L 表示)。它是表示水体中还原性物质存在量的指标。除特殊水体外,还原性物质以有机质为主。通常以化学耗氧量作为衡量水体中有机物含量的综合指标。化学耗氧量越大,水质污染越严重。

常用的氧化剂为 $KMnO_4$ 和 $K_2Cr_2O_7$。常用的方法是 $KMnO_4$ 滴定法和 $K_2Cr_2O_7$ 回流法。以 $KMnO_4$ 为氧化剂测得的化学耗氧量称为高锰酸钾指数。

酸性高锰酸钾法适用于氯离子含量小于 300mg/L 的水样。当水样的高锰酸钾指数超过 5mg/L 时,应稀释后测定。

测定时加入 $H_2SO_4$ 和一定量的 $KMnO_4$ 溶液,置沸水浴中加热,使其中的还原性物质被氧化,剩余的 $KMnO_4$ 用过量的 $Na_2C_2O_4$ 还原,再以 $KMnO_4$ 反滴定 $Na_2C_2O_4$ 的过量部分。此方法的反应式为

$$2MnO_4^- + 5C_2O_4^{2-} + 16H^+ = 2Mn^{2+} + 10CO_2 + 8H_2O$$

COD 测定结果按下式计算

$$COD = \frac{5c_1(V_1 + V_1' - V_0) - 2c_2V_2}{V_s} \times 8000 \quad (5-7)$$

式中　COD——化学耗氧量,$O_2$ mg/L;

　　　$c_1$——$KMnO_4$ 溶液浓度,mol/L;

　　　$c_2$——$Na_2C_2O_4$ 溶液浓度,mol/L;

　　　$V_1$——第一次加入的 $KMnO_4$ 溶液体积,mL;

　　　$V_1'$——滴定水样时消耗的 $KMnO_4$ 溶液体积,mL;

　　　$V_0$——滴定空白时消耗的 $KMnO_4$ 溶液体积,mL;

　　　$V_2$——$Na_2C_2O_4$ 溶液的体积,mL;

　　　$V_s$——水样体积,mL。

处理有机废水的方法很多,活性炭吸附是常用方法之一。污染物质被活性炭吸收。活性炭可以再生。

**四、实验用品**

1. 仪器和材料

电热恒温水浴锅,封闭式电炉,烧杯(500mL、250mL、50mL),量筒(100mL),容量瓶(250mL),移液管(25mL、10mL),三角烧瓶(250mL),酸式滴定管(25mL)。

2. 药品

染料废水,$H_2SO_4$(2mol/L),$KMnO_4$(0.02mol/L),$Na_2C_2O_4$,粒状活性炭。

**五、实验**

1. 标准溶液配制和标定

(1) 0.005mol/L $Na_2C_2O_4$ 标准溶液配制:将 $Na_2C_2O_4$ 于 100～105℃ 干燥 2h,在干燥器中冷却至室温,准确称取 0.1g 左右于 50mL 烧杯中,加水溶解后,定量转移至 250mL 容量瓶中,以水稀释至刻度,

计算准确浓度。

(2) 0.002mol/L $KMnO_4$ 溶液配制：吸取 0.02mol/L $KMnO_4$ 标准溶液 25.00mL 置于 250mL 容量瓶中，以新煮沸且冷却的去离子水稀释至刻度。

(3) 0.002mol/L $KMnO_4$ 溶液标定：移取 0.005mol/L $Na_2C_2O_4$ 溶液 10.00mL，置于 250mL 三角烧瓶中，加入 2mol/L $H_2SO_4$ 10mL，在水浴上加热到 75~85℃。趁热用 0.002mol/L 高锰酸钾滴定。直到溶液呈现微红色并持续 30s 内不褪色即为终点。平行测定 3 次，计算 $KMnO_4$ 溶液的浓度。

2. 活性炭吸附处理废水

分别称 1.00g 活性炭置于 3 个 250mL 烧杯中，各加入 100mL 废水，分别搅拌 10min、30min、50min 后过滤。

3. COD 测定

(1) 取原水样 10mL，置于 250mL 锥形瓶中补加去离子水至 100mL，加 10mL $H_2SO_4$，用移液管准确加入 10mL 0.002mol/L $KMnO_4$ 溶液，立即加热至沸。从冒第一个气泡开始计时，用小火煮沸 10min，取下锥形瓶，趁热加入 10.00mL 0.005mol/L $Na_2C_2O_4$ 标准溶液，摇匀，此时溶液应当由红色转为无色。用 0.002mol/L $KMnO_4$ 标准溶液滴定至淡红色并持续 30s 不褪色。平行测定 3 次，取平均值。

(2) 取经过处理后的水样 10~50mL（保持同一体积），重复上述操作。

(3) 取 100mL 去离子水代替水样，重复上述操作，求得空白值。

4. 计算

(1) 按式(5-7)计算原水样和处理后水样的 COD 值。

(2) 计算 COD 去除率。

六、问题

(1) 讨论影响 COD 的因素。

(2) 水样加入 $KMnO_4$ 溶液煮沸后，若红色褪去，说明什么，应采取什么措施？

(3) 实验中加热的作用是什么？

附注

实验室配制：

(1) 0.02mol/L KMnO₄溶液:称取 KMnO₄ 固体约 1.6g 溶于 500mL 水中,盖上表面皿,加热至沸并保持微沸腾状态 1h,冷却后,用微孔玻璃漏斗(3 号或 4 号)过滤。滤液储存于棕色试剂瓶中。将溶液在室温条件下静置 2~3 天后过滤备用。

(2) 废水:0.05‰甲基红或甲基橙。

## 实验13 由废铝箔制备聚碱式氯化铝

**一、目的**

(1) 了解制备聚碱式氯化铝的原理和方法。

(2) 掌握沉淀分离、洗涤的基本操作方法。

(3) 提高废物利用和净化水质等环保意识。

**二、思考题**

(1) 简述絮凝剂处理废水的原理。

(2) 试述从环保角度出发处理废水所用的方法。

**三、原理**

聚碱式氯化铝是一种应用广泛的高效净水剂,它是由介于 $AlCl_3$ 和 $Al(OH)_3$ 之间的一系列中间水产物聚合而成的高分子化合物,其化学通式为

$$[Al_m(OH)_n(H_2O)_x] \cdot Cl_{3m-n} \qquad (m = 2\sim13, n \leqslant 3m)$$

聚碱式氯化铝是黄色或无色树脂状固体,易溶于水,由于它是通过羟基架桥聚合而成的一种多羟多核配合物,有较一般絮凝剂 $Al_2(SO_4)_3$、明矾或 $FeCl_3$ 等大得多的式量,且有桥式结构,所以它有很强的吸附能力。另外,它在水溶液中形成许多高价配阳离子,比如 $[Al_2(OH)_2(H_2O)_8]^{4+}$ 和 $[Al_3(OH)_4(H_2O)_{18}]^{5+}$ 等。它们能显著降低水中泥土胶粒上的负电荷,因此在水中凝聚效果显著,沉降快速,能除去水中的悬浮颗粒和胶状染物,还能有效地除去水中的微生物、细菌、藻类及高毒性重金属铬、铅等。经研究发现其作用效果最佳的聚合形态是 $[Al_3(OH)_4(H_2O)_{18}]^{5+}$。

废铝箔来源广,有香烟、食品及药品包装等,其主要成分是金属铝。铝溶于 6mol/L 盐酸中,过滤除去不溶物,再用氨水调节溶液的

pH 值为 6.0~6.5,将其转化为 Al(OH)$_3$ 沉淀与其他物质分离。然后,用 HCl 溶解沉淀,得 AlCl$_3$ 溶液,此时溶液的 pH 值为 6.3~6.5,经适当的水解聚合得聚碱式氯化铝。

**四、实验用品**

1. 仪器

烧杯,吸滤装置,台平,烘箱,量筒,精密 pH 试纸,浊度仪。

2. 药品

废铝箔,HCl(6mol/L、1mol/L),NH$_3$·H$_2$O(6mol/L)。

**五、实验**

称取 3g 废铝箔,剪成小块置于 50mL 烧杯中,加 15mL 6mol/L HCl,小火加热,并搅拌使箔片上的铝完全溶解,然后过滤,把溶液转入烧杯中,将二分之一的 AlCl$_3$ 溶液转移至另一烧杯中,再加 5mL 水稀释,在不断搅拌下慢慢滴入 6mol/L NH$_3$·H$_2$O,至溶液的 pH 值为 6.0~6.5 为止,减压过滤 Al(OH)$_3$,用蒸馏水洗至无氨味,滤液留下回收 NH$_4$Cl。

把 Al(OH)$_3$ 转移到一个 50mL 烧杯中,加入剩余的 AlCl$_3$ 溶液,加热搅拌,至混合物溶解透明后(如果不透明,则滴加 1mol/L HCl 至沉淀刚刚溶解),于 60℃恒温聚合 12h。

取两个 50mL 烧杯,各加入 0.5g 泥土,加水至 50mL,搅拌。在一烧杯中加入聚合好的产品少许,搅拌均匀,观察现象,与另一烧杯对比记录溶液澄清所需时间。

或自带水样(如河水、湖水等)进行沉降实验,比较澄清所需时间,并利用浊度仪,测定及比较浊度。

**六、问题**

(1) 请写出制备过程涉及的有关化学方程式。

(2) 你还了解哪些水处理剂?

## 实验 14　印刷电路腐蚀废液的回收和利用

**一、目的**

(1) 了解由印刷电路腐蚀废液回收铜、铁的原理。

（2）了解从金属铜制取硫酸铜的方法。

**二、思考题**

（1）写出由 $FeCl_3$ 腐蚀废液回收金属铜和氯化亚铁，以及由铜制取硫酸铜的简化流程。

（2）用 3g 铜粉制取 $CuSO_4 \cdot 5H_2O$ 晶体，理论上需要多少毫升的 $6mol/L\ H_2SO_4$，实际上为什么比理论量多？

（3）经放置的 $FeCl_3$ 腐蚀废液，常常混浊，为什么，如何处理？

**三、原理**

用于印刷电路的腐蚀液种类较多，有 $FeCl_3$、$HCl + H_2O_2$、$(NH_4)_2S_2O_3$、$CrO_3 + H_2SO_4$ 等。通常用的是 $FeCl_3$ 溶液和 $HCl + H_2O_2$ 的混合溶液，腐蚀时发生的化学反应如下：

$$Cu + 2FeCl_3 = CuCl_2 + 2FeCl_2$$
$$Cu + H_2O_2 + 2HCl = CuCl_2 + 2H_2O$$

腐蚀后的废液中含有大量 $CuCl_2$、$FeCl_2$ 和 $FeCl_3$，如将铜与铁化合物分离、回收是很有实际意义的。它既可减少污染，消除公害，又能化废为宝。简便方法是用铁将铜置换出来，回收金属铜，留在溶液中的二氯化铁，通过蒸发、浓缩、结晶以 $FeCl_2 \cdot 4H_2O$ 晶体析出。在 $H_2O_2 + HCl$ 腐蚀废液中，除用置换法回收金属铜外，也可直接将溶液蒸发、浓缩制成 $CuCl_2 \cdot 2H_2O$ 结晶水合物。

$FeCl_2 \cdot 4H_2O$ 为透明、天蓝色晶体，易被空气氧化，由浅蓝到草绿及黄绿色；$CuCl_2 \cdot 2H_2O$ 为蓝绿色晶体，俗名胆矾或蓝矾，常用作农业杀虫剂、纺织品的媒染剂、配制电镀铜液等。硫酸铜可由铜或氧化铜与硫酸反应来制得。金属铜在高温下灼烧时，被空气氧化为 $CuO$：

$$2Cu + O_2 = 2CuO$$

$CuO$ 和 $H_2SO_4$ 反应生成 $CuSO_4$：

$$CuO + H_2SO_4 = CuSO_4 + H_2O$$

溶液经过滤、浓缩、结晶即可得到 $CuSO_4 \cdot 5H_2O$ 晶体。要使产品具有较高的纯度，还可以进行重结晶。

本实验是由 $FeCl_3$ 腐蚀废液中回收金属铜和晶体，并由铜制取 $CuSO_4 \cdot 5H_2O$。

**四、实验用品**

1. **仪器和材料**

烧杯(100mL、150mL)、量筒(50mL)、坩埚、蒸发皿(150mL)、常压过滤和减压过滤装置、台平、滤纸。

2. **药品**

$FeCl_3$ 腐蚀废液($FeCl_2$ 2~2.5mol/L、$CuCl_2$ 1~1.3mol/L)、HCl(6mol/L)、$H_2SO_4$(6mol/L)、KCNS(0.1mol/L)、$FeCl_2 \cdot 4H_2O$ 固体(市售)、铁粉。

**五、实验**

1. **铜和氯化亚铁的回收**

(1) 铜粉的回收。取 $FeCl_3$ 腐蚀废液(溶液颜色由绿至棕色,无浑浊,若浑浊可滴加6mol/L HCl 至溶液澄清)100mL 放入 150mL 烧杯中,分次加入铁粉 5~6g,不断搅拌,直至铜被全部置换和 $Fe^{3+}$ 被还原为 $Fe^{2+}$ 为止,溶液应呈透明的青绿色。将溶液和沉淀常压过滤。沉淀移至烧杯中,加去离子水 20mL 和 6mol/L HCl 2mL 浸泡,以除去多余的铁粉(沉淀应无黑色,无气泡放出),减压过滤,沉淀用去离子水洗 2~3 次,吸干,称重后,放入回收瓶中。滤液合并留作以下实验用。

(2) 二氯化铁的回收。将上述滤液移至 100mL 蒸发皿中,加铁粉 1g,加热、蒸发、浓缩,直至液面出现少许晶膜为止(溶液在蒸发过程中若出现浑浊变黄,则滴加 6mol/L HCl 搅拌使之澄清;若出现铜粉,则重复实验(1)回收铜粉的操作)。迅速趁热减压过滤,滤液移入烧杯后用冷水冷却结晶。二氯化铁结晶后,减压过滤得到 $FeCl_2 \cdot 4H_2O$ 晶体,吸干,称重。

取等量(一小粒)自制产品与市售二氯化铁固体,用等量(1~2mL)热去离子水溶解后,比较二者的颜色。再各加入 0.1mol/L KCNS 溶液 1滴,观察二者颜色的区别,并将有关结果列入下表中:

| Cu 粉/g | $FeCl_2 \cdot 4H_2O$/g | 纯　　度 | |
| --- | --- | --- | --- |
| | | $FeCl_2$(市售) | $FeCl_2$(自制) |
| | | | |

实验结束后,将 $FeCl_2 \cdot 4H_2O$ 晶体和母液各放入回收瓶中。

**2. 由铜粉制取硫酸铜**

称取 3g 铜粉放入坩埚中,加热灼烧,并不断搅拌,使铜充分氧化。反应完成后,放置冷却。

在蒸发皿中加入 6mol/L $H_2SO_4$ 20mL 后,边搅拌,边将 CuO 粉末慢慢加入其中,再把蒸发皿放在石棉网上小火加热并不断搅拌,可得蓝色溶液(反应中如出现结晶,可以补充适量的去离子水)。将溶液趁热过滤,除去不溶杂质。滤液移到蒸发皿中,加热浓缩至液面出现结晶膜,用冷水冷却使其结晶,减压过滤即可得到 $CuSO_4 \cdot 5H_2O$ 晶体,称重,计算产率。

**六、问题与讨论**

(1)本实验是根据铜、铁单质和化合物什么性质来回收铜和氯化亚铁?

(2)能否用金属铜直接与硫酸反应制取 $CuSO_4 \cdot 5H_2O$,有什么缺点?

(3)要提高产品的纯度,本实验应注意什么问题?

## 实验 15 合成胶黏剂的配制及应用

**一、目的**

(1)了解通用环氧树脂胶黏剂的配制及胶接工艺。

(2)了解环氧-聚砜胶黏剂的配制及胶接工艺。

(3)学会几种常见材料的粘接方法。

**二、思考题**

(1)试述下列胶黏剂配方中各组分的作用。

(2)为什么环氧-聚砜胶黏剂涂胶后,要在一定条件下晾置一段时间以后才能胶接,而环氧-聚硫胶等涂胶后不必晾置即可胶接?

**三、原理**

胶接是通过胶黏剂把被粘接物连接在一起,因此要形成一个牢固的胶接接头,一方面要使胶层本身具有足够高的内聚强度;另一方面必须使胶黏剂与被粘物之间具有良好的黏附强度。本实验主要采用

环氧树脂作胶黏剂。环氧树脂是分子中含有两个以上环氧基团

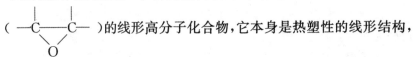

（　　　　　　　　 ）的线形高分子化合物,它本身是热塑性的线形结构,
不能直接拿来作胶黏剂使用,必须向树脂中加入固化剂,进行交联固
化反应才能生成体形网络结构的固化物,使其变成不溶不熔状态。本
实验所用固化剂为聚酰胺、双氰双胺、二乙烯三胺等。环氧树脂固化
后的胶层,性脆且耐油性差。为了克服这些缺点,常加入一些高分子
化合物进行改性,从而获得良好的性能。所加的物质称为改性剂。本
实验所用的改性剂为聚砜。

**四、实验用品**

1. 仪器和材料

台平,小烧杯,烘箱,玻璃刀,砂纸,木锉,夹具,加压设备,钢片试
件(长 60mm、宽 20mm),木块,玻璃片,自行车内胎,软胶皮。

2. 药品

环氧树脂 E-51(618),环氧树脂 E-44(6010),液体聚硫橡胶(JLY-124),
聚酰胺 650 号,聚砜,双氰双胺,三氯甲烷,二甲基甲酰胺,气相二氧化硅,
石英粉(0.074mm),二乙烯三胺,DMP-30,801 强力胶,502 胶,白乳胶,天然
胶液,聚苯乙烯胶,乙醇,丙酮。

**五、实验**

1. 环氧-聚砜胶黏剂

配方:

| | |
|---|---|
| 环氧树脂 E-51 | 150(质量份) |
| 聚砜 | 50 |
| 双氰双胺(又称双氰胺) | 11 |
| 三氯甲烷 | 150 |
| 二甲基甲酰胺 | 25 |
| 气相二氧化硅 | 3(可以不加) |

制备:

(1) 在小烧杯中称取 1g 聚砜和 3g 三氯甲烷,用玻璃棒搅拌,使之
溶解,再加入 2g E-51 环氧树脂,混溶搅匀。

(2) 另取一小烧杯称取 0.2g 双氰双胺和 0.5g 二甲基甲酰胺,加

热至 70～80℃,使双氰胺完全溶解,再加入 0.06g 气相二氧化硅搅匀。

(3) 将上述两组份趁热混溶在一起搅拌均匀即可。

胶接工艺:

(1) 取钢试片 2 片,用砂纸打磨一端($2cm^2$)去锈,再用丙酮清洗除油垢,露出钢片基体;在另一端贴上标签待用。

(2) 将环氧-聚砜胶均匀涂于胶接面上,胶层厚度约 0.05～0.1mm,为避免气泡产生,将其放入烘箱中,在 80℃下烘约 1h 后取出。

(3) 将晾好的胶接面搭接在一起(面积约 $2cm^2$),用夹具夹紧,压力约 0.5kg/cm,放入烘箱中升温至 180℃,恒温 3h 后自然降温 50℃以下,将试片取出,做强度试验。

2. 环氧-聚酰胺胶黏剂(快速修补胶)

配方:

| | |
|---|---|
| 环氧树脂 E-51 | 100(质量份) |
| 聚酰胺 650 号 | 100 |
| 石英粉(0.074mm) | 40 |

制备:用台平在小玻璃片上称取环氧树脂(E-51)1g,再在此玻璃片上称取聚酰胺(650 号)1g,用粗铁丝搅拌均匀;另称取石英粉 0.4g 倒入上述玻璃片上搅拌均匀即可使用。

胶接工艺:

(1) 取钢片 2 片,用砂纸打磨去锈,再用丙酮棉球擦拭,清除油垢,露出钢片的基体约 $2cm^2$,在另一端贴上标签,待胶接时用。

(2) 将上述环氧树脂胶黏剂搅匀,然后用铁丝蘸胶涂于钢片的胶接面上,胶层厚度约 0.05～0.1mm,胶层要均匀,避免有气泡产生。将胶接面搭接(面积约 $2cm^2$),用夹具夹紧,室温固化 48h 或 60～80℃ 4h。固化后的试件做强度测试。

应用:该胶用于粘接钢、铝、玻璃、陶瓷、木材和水泥等材料。如将配方中的石英粉改用 100 份铁粉或铝粉,配制出的胶可作为机械部件的快速修补胶。例如铸件砂眼的修补、堵漏,液压机导柱套的粘接等。

3. 环氧-聚硫胶黏剂(常温固化胶)

配方:

| | |
|---|---|
| 环氧树脂 E-44 | 100(质量份) |

|  |  |
|---|---|
| 液体聚硫橡胶 | 20 |
| 二乙烯三胺 | 10 |
| DMP-30 | 3 |

制备:按配方顺序用台平在小玻璃片上称取环氧树脂(E-44)1g、聚硫橡胶0.2g,用铁丝搅匀,再继续称取二乙烯三胺0.1g(5滴)、DMP-30 0.03g(1滴),搅匀待用。

胶接工艺:和2相同。

4. 几种常用材料的粘接

(1)聚甲基丙烯酸甲酯(有机玻璃)的粘接。

胶液的配制:将有机玻璃粉末10份溶于90份三氯甲烷(或二氯乙烷)中,使之完全溶解,搅拌均匀即可。

胶接工艺:将有机玻璃的粘接面用无水乙醇去油垢、涂胶,稍晾后叠合。

(2)聚苯乙烯塑料的粘接。

胶液的配制:将聚苯乙烯屑溶于甲苯或二甲苯中,配成10%的溶液。

胶接工艺:将聚苯乙烯塑料的胶接面用无水乙醇除油垢、涂胶叠合,在50~100kPa压力下,室温固化24h。

(3)软橡胶制品的修补。自行车内胎、胶布雨衣、雨鞋等软橡胶制品破损后,可将一块软胶皮剪成大小相宜的小片,用木锉(或粗砂纸)打磨起毛,用丙酮擦拭后涂抹天然胶液(1号烟片胶5份、120号汽油或苯90~95份、松香少许溶后搅匀),晾置2min后胶接、压牢。

(4)橡胶、皮革、棉布的自粘和互粘。橡胶、皮革、棉布等的自粘和互粘,通常选用柔韧、蠕变、粘着成膜性能优异的橡胶黏合剂,如市售的88号胶或强力801胶等。

胶接工艺:将被粘物表面用木锉打毛,处理干净,用丙酮去油垢,用玻璃棒均匀涂胶液,晾置20min,再次涂胶,晾置15~20min,将胶接面对准合拢液压或锤正,室温放置24h。

(5)502胶(2-氰基丙烯酸酯胶)的应用。取两小块玻璃片,用丙酮去油,涂少量502胶液(标准用量为5mL/cm²),晾置5~30s后合拢,10min 后便有一定强度,24h 可达最大强度。

该胶适于粘接玻璃、橡胶、金属、塑料(除聚四氟乙烯、聚丙烯塑料外)等材料的自粘和互粘,不宜粘接木材、纸张、织物等多孔材料。

(6) 木材的粘接。聚醋酸乙烯酯乳液(又称白乳胶)作为木材胶黏剂,可单独使用,可以与脲醛树脂混用。

胶接工艺:将清净的胶接面上涂胶、叠合,在一定压力下室温固化。该胶黏剂对纤维素等软质材料,如木材、纸张、竹器等具有较好的胶接强度,价廉无毒。

**六、问题**

在粘接过程中,如果试样处理得不好,是否影响粘接效果,为什么?

# 实验 16　含重金属离子废水处理

**一、目的**

(1) 了解重金属废水的处理方法。

(2) 学会絮凝剂、助凝剂的使用。

(3) 掌握原子吸收光谱法测定金属离子浓度的方法。

**二、思考题**

(1) 沉淀 $Cu^{2+}$ 的最佳 pH 值是多少?

(2) 废水 pH 值和 $Cu^{2+}$ 浓度与 $Ca(OH)_2$ 加入量的关系。

(3) 废水 pH 值和 $Cu^{2+}$ 的排放标准。

**三、原理**

重金属废水主要来自矿山、冶炼、加工和精细化工等行业。某些重金属及其化合物的毒性较大,对水体中鱼类等水生生物和农作物造成严重的危害。通过饮水及食物链的作用,重金属可在人体内富集而导致中毒。

重金属废水的处理方法很多,有中和法、浮选法、吸附法、离子交换法等,其中最常用的是中和法。中和法是利用重金属离子与碱性溶液中的 $OH^-$ 离子反应,生成难溶的金属氢氧化物沉淀而分离。不同金属氢氧化物在不同的 pH 值下溶解度不同,利用这一特性,可以在不同的 pH 值下沉淀不同的金属。因而中和法实际上是调整、控制 pH 值的方法。

一般通过加石灰或苛性碱调节 pH 值，达到重金属氢氧化物的溶解度最低。为消除可能生成的胶体，加速矾花长大，需要加入适量助凝剂、絮凝剂，以提高颗粒的沉降性能、脱水性能、减少矾渣体积。

聚铁，也称聚合铁、聚合硫酸铁，是一种新型无机高分子絮凝剂，是红褐色的黏稠液体。它主要是以硫酸亚铁为原料，通过一定反应条件聚合而成，其分子式为

$$[Fe_2(OH)_n(SO_4)_{3-\frac{n}{2}}]_m$$

式中，$n<2$，$m>10$。

聚铁是一种多羟基、多核络合体的阳离子型絮凝剂，可以与水以任何比例快速混合。溶液中含有大量的聚合铁络离子，能有效地压缩双电层，降低 $\zeta$ 电位，同时还兼有吸附架桥的絮凝作用，使水体中胶体微粒迅速凝聚成大颗粒，从而加速颗粒沉降，提高混凝沉淀效果。其适宜的原水 pH 值较宽，一般为 4～11。当原水 pH 值在 5～8 时，混凝效果更好。

聚丙烯酰胺(PAM)是使用最多的有机高分子絮凝剂。它是一种水溶性线形高分子化合物，分子式为：

$$\left[\begin{array}{c} -CH_2-CH- \\ | \\ CONH_2 \end{array}\right]_n$$

相对分子质量在 150 万～800 万之间。聚丙烯酰胺有非离子型、阴离子型和阳离子型。

聚丙烯酰胺在水中对胶粒有较强的吸附能力，同时它是线形的高分子，在溶液中能适当伸展，因此能很好地发挥吸附架桥的絮凝作用。

**四、实验用品**

1. 仪器

原子吸收光谱仪，酸度计，电动搅拌机，酸式滴定管，容量瓶，烧杯。

2. 药品

$Ca(OH)_2(5\%)$，PAM$(0.1\%)$，聚铁，HCl$(1mol/L)$，含铜废水$(Cu^{2+}\leqslant20mg/L)$，HNO$_3(0.15mol)$，金属铜标准溶液$(50.00\mu g/L)$，高氯酸。

**五、实验**

1. 测定废水的 pH 值。

测定方法见实验4(醋酸电离常数测定)。

2. 测定废水中 $Cu^{2+}$ 的含量

$Cu^{2+}$ 的含量采用原子吸收光谱法测定。

(1) 标准曲线绘制。分别取金属铜标准溶液 0.50mL、1.00mL、2.00mL、3.00mL 和 5.00mL 于 5 个 50mL 容量瓶中用 0.15mol HNO$_3$ 稀释到刻度。以 0.15mol HNO$_3$ 为空白，在波长 327.7nm，谱带宽度 2nm，测定其吸光度值，做出标准曲线。

(2) 样品测定。取水样(废水原水或处理后废水)25mL 于 100mL 烧杯中，加入 2mL 硝酸，在通风橱内加热硝解(不要沸腾)，至体积 1mL 时，加入 2mL 硝酸和 2mL 高氯酸，继续硝解至体积 1mL。冷却后，加 5mL 0.15mol HNO$_3$ 溶解残渣，通过预先用酸洗过的中速滤纸滤入 25mL 容量瓶，用 0.15mol HNO$_3$ 稀释到刻度。

按上述(1)的方法测定样品的吸光度值，在标准曲线上查出水样中 $Cu^{2+}$ 的浓度。

3. 废水处理

取 100mL 水样于 200mL 烧杯中，在搅拌下加入 0.1mL 聚合硫酸铁，然后滴加 5% $Ca(OH)_2$，以酸度计检测溶液酸度变化，至所要求的 pH 值(8.0~9.0)。最后加入 0.15mL 0.1% PAM。

记录加入的 $Ca(OH)_2$ 用量。

静置，过滤。测定滤液的 pH 值和 $Cu^{2+}$ 浓度。

**六、数据处理**

根据分析结果，计算重金属去除率。

**七、问题与讨论**

(1) 计算的沉淀最佳 pH 值与实际值有无差异，原因是什么？

(2) 聚铁、PAM、$Ca(OH)_2$ 的作用分别是什么？

## 实验 17　金属腐蚀与防护

**一、目的**

（1）掌握电化学理论，理解利用电极电势比较氧化还原能力的方法。

（2）了解电化学腐蚀原理和形式。

（3）学习防止电化学腐蚀的方法。

**二、思考题**

（1）为什么纯度低的金属比纯度高的金属容易腐蚀？

（2）本实验中出现过哪几种腐蚀，如何检验他们的腐蚀产物？

**三、原理**

电极电势的相对大小可以定量地衡量氧化态或还原态物质在水溶液中的氧化或还原能力的相对强弱。电对的电极电势代数值越大，氧化态物质的氧化能力越强，对应的还原态物质的还原能力越弱；反之亦然。参阅《大学化学》教材第 3 章。

水溶液中自发进行的氧化还原反应的方向可由电极电势数值加以判断。在自发进行的氧化还原反应中，氧化剂电对的电极电势代数值应大于还原剂电对的电极电势代数值。

Nernst 方程式反映了电极反应中离子浓度与电极电势的关系：

$$\varphi_{电极} = \varphi_{电极}^{\ominus} + \frac{RT}{nF}\ln\frac{c(氧化态)/c^{\ominus}}{c(还原态)/c^{\ominus}}$$

当 $T = 298.15K$ 时，将 $R$，$F$ 值代入上式，Nernst 公式可写成：

$$\varphi_{电极} = \varphi_{电极}^{\ominus} + \frac{0.0592}{n}\ln\frac{c(氧化态)/c^{\ominus}}{c(还原态)/c^{\ominus}}$$

对有 $H^+$ 或 $OH^-$ 参加电极反应的电对，还必须考虑 pH 值对电极电势和氧化还原反应的影响。例如，$K_2Cr_2O_7$ 在酸性介质中表现出强氧化性，能被还原为 $Cr^{3+}$，然而在中性溶液中就不易表现出强氧化性。

原电池由正、负极组成，其电动势 $E$ 值大小与组成原电池正极的电极电势 $\varphi_+$ 值和负极的电极电势 $\varphi_-$ 值大小有关：

$$E = \varphi_+ - \varphi_-$$

电化学腐蚀是由于金属表面存在许多微小的短路原电池(微电池)作用的结果。含杂质的金属、金属合金在电解质溶液的作用下,会引起电化学腐蚀。较活泼的金属为阳极(作为负极)被氧化,即被腐蚀,而其他部分作为阴极(即正极),仅传递电子,本身不发生变化,即不被腐蚀。影响金属腐蚀的因素主要来自两方面:一是材料因子,二是环境因子。

在腐蚀性介质中,加入少量能延缓腐蚀过程的物质,称为缓蚀剂,例如六次甲基四胺,常用作钢铁在酸性介质中的缓蚀剂。

在钢铁表面用氧化剂进行氧化以获得致密的有一定防护性能的由蓝色到黑色的 $Fe_3O_4$ 薄膜,工业上将这种氧化处理称为"发蓝"或"煮黑"。通常是将钢铁零件投入含有氧化剂(如 $NaNO_2$)的热浓氢氧化钠溶液中进行处理,即可在钢铁表面形成蓝黑色的氧化膜。其反应可用下列反应式表示

$$3Fe + NaNO_2 + 5NaOH = 3Na_2FeO_2 + NH_3 + H_2O$$
$$6Na_2FeO_2 + NaNO_2 + 5H_2O = 3Na_2Fe_2O_4 + NH_3 + 7NaOH$$
$$Na_2FeO_2 + Na_2Fe_2O_4 + 2H_2O = Fe_3O_4 + 4NaOH$$

氧化膜厚度一般为 $0.5 \sim 1.5\mu m$,外表美观,又不影响金属零件的精密度。所以一些精密仪器和光学仪器的零件,常用它作为装饰防护层。

金属因与介质接触而发生化学反应或因形成原电池发生电化学作用而被破坏。化学反应引起的破坏一般只在金属表面,而电化学作用引起的破坏不仅在金属表面,还可以在金属内部发生,因此电化学腐蚀对金属的危害更大。

为提高氧化膜的抗蚀性能与润滑性能,一般在氧化处理后进行补充处理。如在重铬酸钾($K_2Cr_2O_7$)溶液中进行钝化、浸肥皂液处理等。

**四、实验用品**

1. **仪器和材料**

试管,电炉,温度计,表面皿,烧杯(500mL、250mL、100mL),封闭式电炉,铝片,黄铜片,铜丝,铁片,锌片,铁钉,砂纸,滤纸,石棉网。

2. **药品**

$H_2SO_4$(1mol/L),HCl(1mol/L、0.1mol/L),$HNO_3$(1mol/L),

NaCl(0.1mol/L)，　FeSO$_4$　（0.1mol/L），　FeCl$_3$　（0.1mol/L），K$_4$[Fe(CN)$_6$](0.1mol/L)，铝试剂，发蓝碱洗液（NaOH30～50g/L、Na$_2$CO$_3$10～30g/L、Na$_2$SiO$_3$5～10g/L），发蓝酸洗液（20％HCl、5％六次甲基四胺、75％H$_2$O），发蓝处理液（NaOH600～650g/L、NaNO$_2$200～250g/L），处理发蓝封闭液（肥皂15～20g/L），酚酞-K$_3$[Fe(CN)$_6$]-NaCl试剂（酚酞试剂、0.1mol/L K$_3$[Fe(CN)$_6$]和1mol/L NaCl的体积比为1：1：50），六次甲基四胺（20％）。

**五、实验内容**(写出反应方程式)

1. 金属腐蚀

(1)将锌片投入盛有2mL 1mol/L H$_2$SO$_4$溶液的试管中,观察其反应情况,然后用一铜丝与锌片接触,观察反应有何变化,根据实验现象可得出什么结论。

(2)将除锈后的铁钉投入两支试管中,各加入2mL 0.1mol/L HCl和1滴0.1mol/L K$_3$[Fe(CN)$_6$]溶液,并向一支试管加入5滴20％六次甲基四胺溶液,比较两试管中蓝色出现的快慢与颜色的深浅的差异。写出化学反应方程式并解释原因。

(3)取两铝片用砂纸打磨并水洗后,置于表面皿上,分别滴加2滴0.1mol/L NaCl溶液和0.1mol/L FeCl$_3$溶液,并各加1滴铝试剂,若有红色螯合物生成,说明铝被腐蚀。记录实验现象并解释之。

(4)于磨光的铁片上滴加酚酞-K$_3$[Fe(CN)$_6$]-NaCl试剂,放置片刻,观察溶液有何变化,记录各部位的颜色变化,然后擦去试液,观察铁片的腐蚀部位。试判断腐蚀电池的阴极和阳极,并解释理由。

(5)于打磨干净的两黄铜片上分别滴入2滴0.1mol/L HCl溶液和0.1mol/L NaCl溶液,再各滴1滴0.1mol/L K$_4$[Fe(CN)$_6$]溶液,观察并解释现象。

2. 钢铁的发蓝处理

(1)发蓝前表面的处理：

1)用砂纸将铁片表面擦净,并用水洗净。

2)碱洗:将铁片投入温度为60～100℃的碱洗液中,10min后,取出铁片,先用热水后用自来水淋洗。

3)酸洗:将碱洗后的铁片投入酸洗液中,1min后,取出铁片并用水洗干净。

（2）发蓝处理。将用上述方法处理过的铁片投入发蓝液中，煮沸约30min，温度控制在130～145℃。取出零件用热水冲洗后，再放入温度为60℃的封闭液中，20min后取出铁片，用水洗净，观察铁片表面的颜色。

（3）检验：取钢片及发蓝后的钢片分别放在 $HNO_3$（1mol/L），$H_2SO_4$（1mol/L），HCl（1mol/L）中，观察发蓝前后的钢片在各种酸中的腐蚀现象（以产生气泡的时间或者气泡量多少衡量），给出结论。

**六、问题与讨论**

（1）钢铁的发蓝处理过程中，随着发蓝溶液的多次使用，会出现什么情况？

（2）结合实验现象讨论钢铁发蓝发生原因是什么？

（3）为什么含杂质的金属较纯金属易被腐蚀？简述防止金属腐蚀的一般原理。

## 5.4 研究性实验

### 实验18 动、植物体中某些微量元素的鉴定和含量分析

**一、目的**

（1）掌握 $Ca^{2+}$、$PO_4^{3-}$、$Zn^{2+}$、$Fe^{3+}$ 的特征鉴定反应。

（2）了解目视比色法测定铁含量的分析方法。

（3）熟悉高温电炉、坩埚的正确使用方法。

（4）了解化学上对复杂试样进行预处理的办法。

**二、思考题**

（1）在 $PO_4^{3-}$ 的鉴定反应中，为使磷钼酸铵沉淀完全，可采取哪些措施？

（2）$Zn^{2+}$ 的鉴定，除用二苯硫腙法，还可以用哪些方法？

（3）在用 $(NH_4)_2C_2O_4$ 鉴定 $Ca^{2+}$ 的反应中应注意哪些问题？

（4）在用 $K_4[Fe(CN)_6]$ 或 KSCN 鉴定 $Fe^{3+}$ 的反应中，如果硝酸的浓度很大，会对鉴定反应有何影响？

（5）预习比色法测定物质含量的分析方法。

### 三、原理

生物体中含有钙、铁、磷、锌等微量元素。这些微量元素在生命活动中发挥着重要作用，任何一种元素的缺乏，都会导致生命活动失去平衡。对这些元素的检测，也显着尤为重要。

我们将植物的叶子或动物的骨头及人的头发灰化，然后用硝酸将其氧化为相应离子而进入溶液，再利用这些离子的特征鉴定反应，就可将其检出。若再辅之以特殊的化学手段，便可实现定量的检测。

比色分析是通过测量同一束光经过标准溶液和待测试液后透色光强度比较来确定试样含量的方法。一般经过显色和比色两个步骤。显色即是用显色剂与待测离子反应生成有色物质；比色是测量有色化合物对光的吸收强度，可用眼睛观察（目视比色法），也可用光电仪器测量。

标准色阶的配制。取一套质量相同的比色管，编上号码，按照顺序加入体积逐增的标准溶液，加入相同体积的试剂（包括显色剂、缓冲试剂和掩蔽剂），然后稀释到相同体积，摇匀，即形成标准色阶。另取相同的比色管，加入一定体积的试样溶液及与标准色阶相同体积的试剂，并稀释到同一体积、摇匀，然后与标准色阶比较。当与标准色阶中某一比色管的颜色相同时，二者浓度相等；若颜色介于两标准色阶颜色深度之间，则试液浓度为两标准色阶浓度的平均值。

比较颜色深浅的方法有三种。一是眼睛由比色管口沿中线向下注视；二是将标准色阶放在眼前，由管侧直视；三是比色管下层装有一镜条，将镜旋转 45°，从镜面上观察比色管底端的颜色深度，与试样管比较。不宜在强光下进行比色，易使眼睛疲劳，必要时可用白纸作为背景进行比色。

### 四、实验用品

#### 1. 仪器

吸量管（1mL、2mL、5mL），比色管（25mL），容量瓶（50mL），高温电炉，坩埚，坩埚钳，三角架，酒精灯，镊子。

#### 2. 药品

$HNO_3$（浓），$NH_3 \cdot H_2O$（2mol/L），$NaOH$（0.1mol/L，2mol/L），

KSCN(0.5mol/L)，$(NH_4)_2C_2O_4$(饱和)，$K_4[Fe(CN)_6]$(0.1mol/L)，钼酸铵饱和溶液，二苯硫腙，四氯化碳，$NH_4Fe(SO_4)_2 \cdot 12H_2O$(固)，$H_2SO_4$(9mol/L)，$HClO_4$。

**五、实验**

1. **样品**

在树叶、鸡蛋黄、骨头、头发四种样品任选一种。

2. **样品的预处理**

树叶、骨头、煮熟的鸡蛋黄称量后，用镊子夹取直接在酒精灯上加热燃烧至炭化，转移到坩埚中。将坩埚放入高温电炉中，在 600～700℃下加热数分钟，灰化完全。冷却后向坩埚内加入浓硝酸，加入少量水，过滤。此滤液可检出 $Ca^{2+}$、$PO_4^{3-}$、$Fe^{3+}$。

取 0.2g 头发依次用洗涤剂、自来水、去离子水漂洗，放入 100℃烘箱中烘干 10min。冷却后放在 50mL 小烧杯内，加入 5mL 浓硝酸，盖上表面皿，在通风橱内小火加热，保持微沸。当溶液体积减少至一半时，停止加热，冷却。加入 2mL $HClO_4$，加热保持微沸，直至剩下 2mL，冷却至室温，加入水少许。此滤液可检出 $Zn^{2+}$。

3. **离子定性检测**

取处理后试液 1mL，自行设计检测方案。

4. **铁含量的测定**

(1)铁标准溶液的配制。准确配制浓度为 $5 \times 10^{-4}$ mol/L $NH_4Fe(SO_4)_2$ 溶液。

首先计算上述标准溶液所需 $NH_4Fe(SO_4)_2 \cdot 12H_2O$ 的量，用电子天平准确称量。溶于少量去离子水中，并加入 1mL $H_2SO_4$(9mol/L)。然后转入 50mL 容量瓶中，并稀释至刻度备用。

(2)标准色阶的配制和试样的测定。分别取 1mL、2mL、3mL、4mL、5mL 的 $Fe^{3+}$ 标准溶液于 5 支 25mL 的比色管中。

在样品管中加入处理后的试液 2mL。然后在样品管和 5 支标准色阶管中分别加入 2mL KSCN 溶液，用蒸馏水稀释至 25mL，摇匀后比色。

(3)样品浓度的计算。当与标准色阶中某一比色管的颜色相同时，二者浓度相等；若颜色介于两标准色阶颜色深度之间，则试液浓度为两标准色阶浓度的平均值。

**六、问题**

(1) 你的实验中出现哪些问题？

(2) 人体中 $Ca^{2+}$、$PO_4^{3-}$、$Zn^{2+}$ 元素的含量均可进行定量分析，结合你的化学知识，参阅有关书籍，选择其中一种离子，写出分析方案。

### 实验19　库仑滴定法测定硫代硫酸钠的浓度

**一、目的**

(1) 学习库仑滴定法测定 $Na_2S_2O_3$ 浓度原理。

(2) 学习库仑滴定法结果计算。

**二、原理**

本实验是将 $Na_2S_2O_3$ 溶液加入已知碘的特殊电解液中，使 $Na_2S_2O_3$ 与电解液中的 $I_2$ 反应：

$$2Na_2S_2O_3 + I_2 = Na_2S_4O_6 + 2NaI$$

反应消耗的碘由电解阳极通过电解产生的碘来补充：

$$2I^- - 2e^- = I_2$$

测量补充所消耗的电量，根据法拉第电解定律，可计算出 $Na_2S_2O_3$ 的浓度。

$$c = \frac{Q \times 1000}{96487 \times V} \quad (\text{或 } c(Na_2S_2O_3) = \frac{It}{96487 \times V})$$

式中，$c$ 为 $Na_2S_2O_3$ 的浓度，mol/L；$V$ 为 $Na_2S_2O_3$ 的体积，mL；$Q$ 为电解消耗的电量，C；$I$ 为电流，mA；$t$ 为电解时间，s。

**三、实验用品**

1. 仪器与材料

电化学工作站，秒表，电磁搅拌器，量筒（100mL、5mL），移液管（1mL）；铂片电极。

2. 药品

未知 $Na_2S_2O_3$ 溶液，电解液（2% KI + $KHCO_3$ + 0.001mol/L 亚砷酸），KI溶液（0.1mol/L，称取 1.7g KI 溶于100mL 蒸馏水中），$HNO_3$溶液（10%）。

**四、实验**

(1) 清洗 Pt 电极。用热的 10% $HNO_3$溶液浸泡 Pt 电极几分钟，先用自来水冲洗,再用蒸馏水冲干净后待用。

（2）分别向洗净的电解池阳极室注入 40mL,阴极注入 3～4mL 电解液,同时放入一小磁子。

（3）接好电极。工作电极(绿色夹头);感受电极(黑色夹头,同时和工作电极夹在一起,用于四电极体系);参比电极(白色夹头);辅助电极(红色夹头)。设定参数后即可实验。

重复测定 3 次。

（4）$Na_2S_2O_3$ 试液的测定准确移取未知 $Na_2S_2O_3$ 溶液 1.00mL 于上述电解池中,开启电化学工作站,重复测定 3 次。

注意事项:

（1）保护管内应放 KI 溶液,使 Pt 电极浸没。

（2）每次测定都必须准确移动试液。

**五、数据处理**

（1）按下式计算 $Na_2S_2O_3$ 试液浓度

$$c = \frac{Q \times 1000}{96487 \times V} \quad 或 \quad c(Na_2S_2O_3) = \frac{It}{96487 \times V}$$

式中,电流 $I$ 的单位为 mA;电解时间 $t$ 的单位为 s;试液体积 $V$ 的单位为 mL。

（2）计算浓度的平均值和标准偏差。

**六、问题**

（1）写出 Pt 工作电极和 Pt 辅助电极上的反应。

（2）本实验中是将 Pt 阳极还是 Pt 阴极隔开,为什么?

## 实验20　分光光度法测定维生素 C 的含量

**一、目的**

学习利用紫外-可见分光光度计测定维生素 C 的含量。

**二、原理**

维生素 C(抗坏血酸)在食品中起到抗氧化剂作用,在一定时间内能防止油脂变酪。维生素 C 是水溶性的,能溶于无水乙醇。

维生素 C 的分子结构式为:

分子中含有共轭—C==C—,分别在 200nm 和 270nm 附近产生吸收峰。因此,可利用紫外-可见分光光度法测定维生素 C 的含量。

**三、实验用品**

1. 仪器和材料

电子天平,紫外-可见分光光度计,石英吸收池,容量瓶(50mL,1000mL),吸量管(10mL)。

2. 药品

维生素 C(抗坏血酸),维生素 C 未知溶液。

**四、实验**

1. 准备工作

(1)清洗容量瓶等需要使用的玻璃仪器,晾干待用。

(2)检查仪器,开机预热 30min,并调试至正常工作状态。

2. 配制维生素 C 系列标准溶液

称取 0.0132g 维生素 C,溶于去离子水中,定量转移入 1000mL 容量瓶中,用去离子水稀释至标线,摇匀。此溶液浓度为 $7.50 \times 10^{-5}$ mol/L。

分别吸取上述溶液 2.00mL、4.00mL、5.00mL、6.00mL 于 4 个洁净且干燥的 50mL 容量瓶中,用去离子水稀释至标线,摇匀。

3. 绘制紫外-可见吸收光谱曲线

以去离子水为参比液,在 190~400nm 范围绘制维生素 C 的吸收光谱曲线,确定最大吸收峰的入射光波 $\lambda$。

4. 绘制工作曲线

以去离子水为参比,在最大吸收波长 $\lambda$ 处测定维生素 C 系列标准溶液的吸光度并记录测定结果和实验条件。

5. 试样的测定

取未知液 5.00mL 于 50mL 容量瓶中,用去离子水稀释至标线,摇匀。在 $\lambda$ 处测出吸光度 $A$。

6. 结束工作

（1）实验完毕,关闭电源。取出吸收池,清洗晾干后入盒保存。

（2）清洗工作台,罩上仪器防尘罩,填写仪器使用记录。

注意事项：

试液取样量应经实验来调整,以其吸光度在适宜的范围内为宜。

**五、数据处理**

（1）绘制维生素 C 的工作曲线。

（2）由测得的未知液 A,计算未知样中维生素 C 的浓度。

**六、问题**

使用本方法测定维生素 C 是否灵敏？解释其原因。

## 实验 21  $BaTiO_3$ 纳米粉的制备

**一、目的**

（1）了解纳米粉的制备及表征方法。

（2）了解溶胶-凝胶法制备纳米粉的过程。

（3）了解 $BaTiO_3$ 结构性能及应用。

**二、思考题**

普通的溶胶-凝胶法中,溶胶中的金属有机物是通过吸收空气中的水分而水解,而本实验溶胶中虽已存在一定量的水分,但钛酸四丁酯并未快速水解而形成水合 $TiO_2$ 沉淀,请分析其中的原因。

**三、原理**

纳米粉的制备方法大体分为气相法和液相法。气相法对设备要求较高,投资较大。液相法包括：溶胶-凝胶法、水热法和共沉淀法等。其中溶胶-凝胶法应用广泛,因为其操作简单,处理时间短,无需极端条件和复杂仪器设备；各组分在溶液中实现分子级混合,可制备组分复杂但分布均匀的各种纳米粉；适应性强,不但可以制备微粉,还可方便地用于制备纤维、薄膜、多孔载体和复合材料。

溶胶-凝胶法是用金属有机物（如醇盐）或无机盐为原料,通过溶液中的水解、聚合等化学反应,经溶胶—凝胶—干燥—热处理过程制备纳米粉或薄膜,该方法的原理是：钛酸四丁酯吸收空气或体系中的水分而不断水解,水解产物间不断发生失水或失醇缩聚而形成网络状凝胶,$Ba^{2+}$ 或 $Ba(Ac)_2$ 的多聚体均匀分布或交叉分布于该网络中。高温热处理时,溶剂挥发或燃烧,Ti—O—Ti 多聚体与 $Ba(Ac)_2$ 分解产生的 $BaCO_3$ 反应,生成 $BaTiO_3$。

溶液中的过程包括金属有机物的水解及缩聚反应。要了解更多的知识可查阅相关资料。经过上述的水解及缩聚反应,溶胶就转变为网络状的凝胶。凝胶经干燥,除去水分和溶剂,即形成干凝胶。干凝胶于适当的温度下热处理,反应合成所需的纳米粉。

$BaTiO_3$ 多用固相烧结法以 $BaCO_3$ 和 $TiO_2$ 为原料制得,两者以等物质的量混合,1300℃煅烧,发生固相反应

$$BaCO_3 + TiO_2 = BaTiO_3 + CO_2$$

此方法简单易行、成本低,既可得到组分均匀的 $BaTiO_3$ 纳米粉,又可大大降低烧结温度。

纳米粉的表征可以用 X 射线衍射、透射电子显微镜和比表面积测定等方法进行。本实验采用 X 射线衍射方法对制得的产品进行表征。

$BaTiO_3$ 纳米粉的平均粒径可通过公式计算:

$$D = 0.9\lambda/\beta\cos\theta$$

式中　$D$ ——粒径,mm;

　　　$\lambda$ ——入射 X 射线波长,nm;

　　　$\theta$ ——X 射线衍射的布拉格角,(°);

　　　$\beta$ ——$\theta$ 处衍射峰的半高宽,rad。

其中,$\beta$ 和 $\theta$ 可由 X 射线衍射数据直接给出。

**四、实验用品**

1. 仪器和材料

电子天平,电动搅拌机,电热恒温干燥箱,马弗炉,X 射线衍射仪,量筒(10mL、20mL),烧杯(200mL),精密 pH 试纸,滤纸,研钵,坩埚,点滴板,搅拌棒,橡皮套等。

2. 药品

正丁醇,钛酸四丁酯,冰醋酸,无水醋酸钡。

### 五、实验

#### 1. 制备溶胶及凝胶

准确称取 7.6635g(0.03mol)钛酸四丁酯溶于 15mL 正丁醇中,在不断搅拌下加入 6mL 冰醋酸,混合均匀。再准确称取等摩尔数的干燥无水醋酸钡溶于适量去离子水中,制成 $Ba(Ac)_2$ 的水溶液。在不断搅拌下滴加到钛酸四丁酯的正丁醇溶液中。

在电动搅拌器上混合数分钟,调 pH 值为 3.5,得到无色或淡黄色透明澄清的溶胶。用滤纸或保鲜膜将烧杯口扎紧,室温下放置约 24h,即可得到透明的凝胶。

#### 2. 制备干凝胶

将凝胶捣碎,放入烘箱,100℃下干燥 24h 以上,去除溶剂和水分,即得干凝胶。

#### 3. 制备 $BaTiO_3$ 纳米粉

将上述干凝胶研细置于 $Al_2O_3$ 坩埚中,以 4℃/min 的速度升温至 250℃,保温 1h,除去粉料中的有机溶剂。再以 8℃/min 的速度升温至 800℃,保温 2h,然后自然降至室温,得到白色或淡黄色固体,研细即得结晶态 $BaTiO_3$ 纳米粉。

#### 4. 纳米粉的表征

将 $BaTiO_3$ 粉涂于专用样品板上,于 X 射线衍射仪上测其衍射曲线,将得到的数据进行计算检索或与标准曲线对照,可以证实所得 $BaTiO_3$ 是否为结晶态。计算 $BaTiO_3$ 纳米粉的平均粒径。

### 六、问题与讨论

(1) 当称量的钛酸四丁酯比预计的量多而且已溶于正丁醇中时,以后的实验如何处理?

(2) 如何才能保证 $Ba(Ac)_2$ 完全转移到钛酸四丁酯的正丁醇溶液中?

## 5.5 设计性实验

### 实验 22 日常生活中的化学

### 一、目的

(1) 熟悉化学实验中有关基础操作技能。

（2）运用化学知识及化学实验技术对生活中一些化学问题进行分析、解决。

（3）掌握 $Mg^{2+}$、$Ca^{2+}$、$SO_4^{2-}$、$Cr^{6+}$ 离子的鉴别方法。

**二、思考题**

（1）市售加碘盐的碘的浓度为多少？

（2）$NaNO_2$ 在酸性介质中与 KI 发生什么反应，如何证明？

**三、原理**

当人体缺碘时，会引起多种疾病，预防缺碘病主要是落实以食盐加碘为主的补碘措施。国际上制备碘盐的材料有 KI 和 $KIO_3$ 两种碘剂。因为 $KIO_3$ 化学性质较稳定，常温下不易挥发，不吸水，易保存。KI 有苦味浓、易挥发和潮解，见光分解析出游离碘而显黄色等缺点。故我国使用碘酸盐加工食用盐。

$KIO_3$ 为无色结晶，其含碘量为 59.3％，无臭无味可溶于水。其晶体常温下较稳定，加热至 560℃开始分解：

$$2KIO_3 = 2KI + 3O_2 \uparrow$$

或 $12KIO_3 + 6H_2O = 6I_2 + 12KOH + 15O_2 \uparrow$

$KIO_3$ 在酸性介质中是较强的氧化剂，其标准电极电势较高，

$$2IO_3^- + 12H^+ + 10e^- = I_2 + 6H_2O \quad \varphi^\ominus(IO_3^-/I_2) = 1.20V$$

因此遇到还原剂，如食品中常含有的 $Fe^{2+}$ 和 $C_2O_4^{2-}$，容易发生反应析出 $I_2$。单质碘易升华而损失。

纯 $KIO_3$ 晶体是有毒的，在治疗剂量范围（不大于 60mg/kg）内对人体无毒害。

碘酸盐的检测试剂是 KCNS，其鉴定反应在酸性介质中进行，其反应如下：

$$6IO_3^- + 5CNS^- + H^+ + 2H_2O = 3I_2 + 5HCN + 5SO_4^{2-}$$

用 1％淀粉溶液显色，可半定量检测 $KIO_3$ 含量。

**四、实验用品**

1. 仪器和材料

台平，干燥箱，烧杯，酒精灯，研钵，多孔点滴瓷板，吸量管，吸耳球等。

2. 药品

食用碘盐，$NaNO_2$，NaCl，HAc（2mol/L），$H_2C_2O_4$（2mol/L），标准

碘($KIO_3$)溶液(含碘量为 200mg/L),碘检测试剂,KI(0.1mol/L),新配制的淀粉溶液,铬黑 T 指示剂,$Pb(Ac)_2$(0.05mol/L),$BaCl_2$ 饱和溶液,$(NH_4)_2C_2O_4$ 饱和溶液,$NH_3$-$NH_4Cl$ 缓冲溶液,格氏试剂。

**五、实验**

1. 半定量分析法测定碘盐的含碘浓度

(1)碘盐标准样品制备。取 5 个干净烧杯,各放入 NaCl 4g,分别加入 200mg/L 的标准碘($KIO_3$)溶液 0.2mL、0.4mL、0.6mL、0.8mL、1.0mL。搅匀后,放入干燥箱内 105℃烘干 1h,取出冷却,研细。配制成系列标准碘盐,计算含碘量,含碘量应分别为 10mg/kg,20mg/kg,30mg/kg,40mg/kg,50mg/kg。

(2)制备标准色板。取碘标准样品 10mg/kg、20mg/kg、30mg/kg、40mg/kg、50mg/kg 各 1g,分别放入多孔点滴瓷板的孔中,压平后,各加入 2 滴碘检测试剂和 8 滴去离子水,用玻璃棒搅拌均匀,制成标准色板。

(3)碘盐检测。取 1g 市售碘盐放入多孔点滴板的孔中,压平后加入 2 滴碘检测试剂和 8 滴去离子水,显色后约 30s,根据标准色板,用目视比色法确定碘盐的浓度。

2. 碘盐和 NaCl 试剂中 $Mg^{2+}$、$Ca^{2+}$、$SO_4^{2-}$ 离子的检验

分别取 1g 市售碘盐和 NaCl 试剂放入两个烧杯中,加入约 10mL 去离子水,配成检测液。

(1)$Mg^{2+}$ 离子检验。各取 1mL 氯化钠和食用碘盐检测液,分别滴加 2 滴 $NH_3$-$NH_4Cl$ 缓冲溶液和 1~2 滴铬黑 T 指示剂,对比观察溶液颜色(若有 $Mg^{2+}$ 离子存在显红色,否则为蓝色)。

(2)$Ca^{2+}$ 离子检验。各取 1mL 氯化钠和食用碘盐检测液,分别滴入 5 滴 $(NH_4)_2C_2O_4$ 饱和溶液,对比观察实验现象。

(3)$SO_4^{2-}$ 离子检验(自行设计)。

3. 影响碘盐稳定性的因素

取 3 支干燥试管,各加入 1g 碘盐,在第一支试管中加入 1 滴 2mol/L HAc溶液,在第二支试管中加入 1 滴 2mol/L HAc 和 1 滴 2mol/L $H_2C_2O_4$ 溶液,第三支试管作为空白。3 支试管都用酒精灯加热至干,取出样品,按实验 1 中(3)半定量分析法测定碘盐的含碘量的方法检测。

### 4. 亚硝酸盐与食盐的鉴别

（1）取 3 支试管分别加入少量相同质量的 $NaNO_2$、$NaCl$ 和市售碘盐，各加入 2mL 去离子水，再加入 2mol/L HAc 和 0.1mol/L KI，观察 3 支试管中的不同的实验现象，再加入新配制的淀粉溶液，观察实验现象。

（2）取 2 支试管分别加入少量相同质量的 $NaNO_2$、$NaCl$ 和市售碘盐，各加入 2mL 去离子水，各加入格氏试剂一小匙，摇匀。数分钟后观察现象。

### 5. 火柴梗中 $K_2Cr_2O_7$ 的鉴定

取两根火柴，把火柴头压碎后，放入试管中，加约 1mL 水和少量酸，用 $Pb(Ac)_2$ 检验。

### 六、问题

（1）分析自制碘盐浓度实验值和理论值产生差别的原因。

（2）说明影响碘盐稳定性的因素。

（3）炒菜时，应何时放入碘盐？

附注：

（1）检测试剂由 1% 淀粉指示剂 400mL，85% $H_3PO_4$ 4mL 和 KCNS固体 7g 混合并溶解而制得。

（2）格氏试剂：0.5g 对氨基苯磺酸，0.05g $\alpha$-萘胺，4.5g 酒石酸，研磨均匀，密封于广口瓶。

## 实验 23　液体香波的制作

### 一、目的

（1）了解配方原理。

（2）初步掌握配方中各组分的作用和添加量。

### 二、原理

香波是洗发用化妆品的专称。它的作用除了能洗净头发上的污垢和头屑以达到清洁效果外，还使头发在洗后柔软顺滑，并留有光泽。

选择香波的配方应考虑：

（1）产品的形态：膏体或粉状。

（2）产品外观：如色泽和透明度。

(3) 泡沫量及稳定性。

(4) 容易清洗。

(5) 洗后头发易于梳理,不产生静电效应。

(6) 使头发有光泽。

(7) 对皮肤刺激性小,特别对眼睛要无刺激性。

**三、实验用品**

实验用品有烧杯,温度计,搅拌器,十二醇硫酸钠,甘油,209 洗涤剂,硼砂,尼纳尔(6501)等。

**四、实验**

配方:

| | |
|---|---|
| 硼砂 | 1% |
| 十二醇硫酸钠 | 9% |
| 尼纳尔(6501) | 6% |
| 甘油 | 5% |
| 209 洗涤剂 | 10% |
| 十二烷基磺酸钠 | 2% |
| 防腐剂 | 适量 |
| 香精 | 适量 |
| 水 | 67% |

先将上述液体原料加到烧杯里,搅拌下加热至 45~50℃,然后再依次加入其他原料,搅拌混合均匀即成,时间 1~2h,pH 值为 6~7。

**五、问题**

(1) 配方中各组分的作用是什么?

(2) 对水质有什么要求,为什么?

## 实验 24 日用化妆品的制作

**一、目的**

(1) 了解乳化原理。

(2) 初步掌握配方原理和配方中各原料的作用及其添加量。

(3) 了解雪花膏、凡士林冷霜、丙氨酸护肤霜的制作方法。

## 二、原理

一般雪花膏是以硬脂酸和碱化合成硬脂酸盐作为乳化剂,加上其他的原料配制而成。它属于阴离子型乳化剂为基础的油/水型乳化体,是一种非油腻性护肤用品,敷在皮肤上,水分蒸发后就留下一层硬脂酸、硬脂酸皂和保湿剂所组成的薄膜。于是皮肤与外界干燥空气隔离,节制皮肤表皮水分的过量挥发,使皮肤不致干燥、粗糙或皲裂,起到保护皮肤的作用。雪花膏中含有的保湿剂可制止皮肤水分的过快蒸发,从而调节和保持角质层适当的含水量,使皮肤表皮起到柔软的作用。

## 三、实验用品

### 1. 仪器和材料

烧杯,搅拌器,温度计,乳化器等。

### 2. 药品

三压硬脂酸、氢氧化钾、多元醇(甘油、丙二醇等),单硬脂酸甘油酯、十六醇等。

## 四、实验

### 1. 雪花膏

配方:

| | |
|---|---|
| 三压硬脂酸 | 10.0% |
| 单硬脂酸甘油酯 | 1.5% |
| 十六醇 | 3.0% |
| 甘油 | 10.0% |
| 氢氧化钾(100%) | 0.5% |
| 香精 | 适量 |
| 防腐剂 | 适量 |
| 水 | 75% |

先将配方中的三压硬脂酸、单硬脂酸甘油酯、十六醇、甘油等一起加热至90℃(油相),碱和水加热至90℃(水相),然后在剧烈搅拌下将水相徐徐加入油相中,全部加完后保持此温度一段时间进行皂化反应。添加香精、防腐剂。而后在乳化器中搅拌5～10min,冷到30℃以下,放入容器中。

2. 凡士林冷霜

A：                              B：

| 蜂蜡 | 10% | 硼砂 | 0.6% |
|---|---|---|---|
| 液体石蜡 | 41% | 精制水 | 24.4% |
| 凡士林 | 15% | 香精 | 适量 |
| 石蜡 | 5% | | |
| 甘油单硬脂酸 | 2% | | |

A、B 分别加热搅拌到 75℃，搅拌下将 B 加到 A 中，搅拌至 45℃加入香精，冷却至室温。

3. 丙氨酸护肤霜

A：                              B：

| 黄凡士林 | 50% | 丙氨酸 | 5% |
|---|---|---|---|
| 石蜡 | 7.5% | 精制水 | 10% |
| 液体石蜡 | 32.5% | | |

A 加热至 60℃，在搅拌下加入 5 份丙氨酸和 10 份水溶液加热至 60℃，搅拌并冷却至室温。本品可防止皮肤同化学物质接触时，产生的过敏反应。

**五、问题**

（1）配方中各组分的作用是什么？

（2）为什么水质对雪花膏的质量有很大影响？

（3）试计算制造每千克雪花膏需用硬脂酸 15kg，硬脂酸中合成皂百分率为 20%，配方中需要纯度为 85% 的 KOH 多少千克？

注意事项：

（1）要用颜色洁白的工业三压硬脂酸，其碘价在 2 以下（碘价表示油酸含量）。碘价过高，硬脂酸的凝固点降低，颜色泛黄，会影响雪花膏的色泽和在储存过程中引起的酸败。

（2）水质对雪花膏有重要影响。应控制 pH 值在 6.5～7.5。总硬度小于 100mg/L，氯离子小于 50mg/L，铁离子小于 0.3mg/L。

（3）硬脂酸成皂百分率确定后，计算碱的用量，其公式如下：

KOH 用量 = 硬脂酸用量×硬脂酸成皂百分率×酸价/KOH 浓度

# 附　　录

## Ⅰ　常用酸碱的浓度

| 试剂名称 | 化学式 | 密度(20℃)<br>/g·cm⁻³ | 浓度/<br>0.05mol·L⁻¹ | 质量分数/% |
|---|---|---|---|---|
| 浓硫酸 | $H_2SO_4$ | 1.84 | 18.0 | 96.0 |
| 浓盐酸 | HCl | 1.19 | 12.1 | 37.2 |
| 浓硝酸 | $HNO_3$ | 1.42 | 15.9 | 70.4 |
| 磷　酸 | $H_3PO_4$ | 1.70 | 14.8 | 85.5 |
| 冰醋酸 | $CH_3COOH$ | 1.05 | 17.45 | 99.8 |
| 浓氨水 | $NH_3 \cdot H_2O$ | 0.90 | 14.53 | 96.6 |

## Ⅱ　常用酸碱指示剂

| 指示剂名称 | 变色范围<br>(pH 值) | 颜色变化 | 溶液配制方法 |
|---|---|---|---|
| 甲基橙 | 3.1～4.4 | 红～橙黄 | 1g指示剂溶解在 1L 水中 |
| 甲基红 | 4.4～6.2 | 红～黄 | 1g指示剂溶解在 1L 60%乙醇中 |
| 甲酚红 | 7.2～8.8 | 亮黄～紫红 | 1g指示剂溶解在 1L 50%乙醇中 |
| 茜素红 S | 3.7～5.2 | 黄～紫 | 1g指示剂溶解在 1L 水中 |
| 茜素黄 R | 1.9～3.3 | 红～黄 | 1g指示剂溶解在 1L 水中 |
| 酚　酞 | 8.2～10.0 | 无～红 | 1g指示剂溶解在 1L 60%乙醇中 |
| 酚　红 | 6.8～8.0 | 黄～红 | 1g指示剂溶解在 1L 20%乙醇中 |
| 刚果红 | 3.0～5.2 | 蓝紫～红 | 1g指示剂溶解在 1L 水中 |
| 百里酚蓝<br>(麝香草酚蓝) | 第一次变色 1.2～2.8<br>第二次变色 8.0～9.6 | 红～黄<br>黄～蓝 | 1g指示剂溶解在 1L 20%乙醇中 |

## Ⅲ 常用酸碱的电离常数(25℃)

| 物质 | 分子式 | p$K$ | $K^{\ominus}$ |
|---|---|---|---|
| 砷酸 | $H_3AsO_4$ | 2.25 | $K_{a_1} = 5.62 \times 10^{-3}$ |
| | | 6.77 | $K_{a_2} = 1.7 \times 10^{-7}$ |
| | | 11.53 | $K_{a_3} = 2.95 \times 10^{-12}$ |
| 硼酸 | $H_3BO_3$ | 9.23 | $K_{a_1} = 5.9 \times 10^{-10}$ |
| 碳酸 | $H_2CO_3$ | 6.37 | $K_{a_1} = 4.3 \times 10^{-7}$ |
| | | 10.25 | $K_{a_2} = 5.6 \times 10^{-11}$ |
| 硫酸 | $H_2SO_4$ | 1.92 | $K_{a_2} = 1.2 \times 10^{-2}$ |
| 亚硫酸 | $H_2SO_3$ | 1.80 | $K_{a_1} = 1.7 \times 10^{-2}$ |
| | | 7.20 | $K_{a_2} = 6.3 \times 10^{-8}$ |
| 亚硝酸 | $HNO_2$ | 3.40 | $K_a = 4.0 \times 10^{-4}$ |
| 醋酸 | HAc | 4.74 | $K_a = 1.8 \times 10^{-5}$ |
| 草酸 | $H_2C_2O_4$ | 1.23 | $K_{a_1} = 5.9 \times 10^{-2}$ |
| | | 4.19 | $K_{a_2} = 6.4 \times 10^{-5}$ |
| 磷酸 | $H_3PO_4$ | 2.12 | $K_{a_1} = 7.5 \times 10^{-3}$ |
| | | 7.21 | $K_{a_2} = 6.2 \times 10^{-8}$ |
| | | 12.32 | $K_{a_3} = 4.8 \times 10^{-13}$ |
| 氢硫酸 | $H_2S$ | 6.88 | $K_{a_1} = 1.3 \times 10^{-7}$ |
| | | 14.15 | $K_{a_2} = 7.1 \times 10^{-15}$ |
| 氨水 | $NH_3 \cdot H_2O$ | 4.74 | $K_b = 1.8 \times 10^{-5}$ |

## Ⅳ 常用难溶电解质的溶度积常数(25℃)

| 难溶电解质 | $K_{sp}$ | 难溶电解质 | $K_{sp}$ |
|---|---|---|---|
| AgCl | $1.8 \times 10^{-10}$ | $AgIO_3$ | $3.0 \times 10^{-8}$ |
| AgBr | $5.0 \times 10^{-13}$ | $Ag_3PO_4$ | $1.4 \times 10^{-16}$ |
| AgI | $8.3 \times 10^{-17}$ | $Ag_2SO_4$ | $1.4 \times 10^{-5}$ |
| $Ag_2CO_3$ | $8.1 \times 10^{-12}$ | $Ag_2S$ | $6.3 \times 10^{-50}$ |
| $Ag_2C_2O_4$ | $1.1 \times 10^{-11}$ | $BaCO_3$ | $4.0 \times 10^{-9}$ |
| $Ag_2CrO_4$ | $9.0 \times 10^{-12}$ | $BaCrO_4$ | $1.2 \times 10^{-10}$ |

| 难溶电解质 | $K_{sp}$ | 难溶电解质 | $K_{sp}$ |
|---|---|---|---|
| $BaF_2$ | $1.0 \times 10^{-6}$ | $Cu(OH)_2$ | $1.3 \times 10^{-20}$ |
| $BaC_2O_4$ | $1.6 \times 10^{-7}$ | $Cu_2S$ | $3.0 \times 10^{-48}$ |
| $Ba_3(PO_4)_2$ | $3.4 \times 10^{-23}$ | $CuS$ | $6.0 \times 10^{-36}$ |
| $BaSO_4$ | $1.1 \times 10^{-23}$ | $Fe(OH)_2$ | $8.0 \times 10^{-16}$ |
| $BaSO_3$ | $8.0 \times 10^{-7}$ | $Fe(OH)_3$ | $4 \times 10^{-38}$ |
| $BaS_2O_3$ | $1.6 \times 10^{-5}$ | $FeC_2O_4$ | $3.2 \times 10^{-7}$ |
| $CdCO_3$ | $5.2 \times 10^{-12}$ | $FeS$ | $6.3 \times 10^{-18}$ |
| $Cd(OH)_2$ | $2.5 \times 10^{-14}$ | $MgCO_3$ | $3.5 \times 10^{-8}$ |
| $CdS$ | $7.9 \times 10^{-27}$ | $MgF_2$ | $6.5 \times 10^{-9}$ |
| $CaCO_3$ | $2.9 \times 10^{-9}$ | $Mg(OH)_2$ | $1.8 \times 10^{-11}$ |
| $CaC_2O_4$ | $4.0 \times 10^{-9}$ | $MnCO_3$ | $1.8 \times 10^{-11}$ |
| $CaCrO_4$ | $7.1 \times 10^{-4}$ | $Mn(OH)_2$ | $1.9 \times 10^{-13}$ |
| $CaF_2$ | $5.2 \times 10^{-9}$ | $MnS$ | $2.5 \times 10^{-10}$ |
| $Ca(OH)_2$ | $5.5 \times 10^{-6}$ | $NiCO_3$ | $6.6 \times 10^{-9}$ |
| $CaSO_4$ | $9.1 \times 10^{-6}$ | $Ni(OH)_2$ | $2.0 \times 10^{-15}$ |
| $Cr(OH)_3$ | $6.3 \times 10^{-31}$ | $PbCl_2$ | $1.6 \times 10^{-5}$ |
| $CoCO_3$ | $1.4 \times 10^{-13}$ | $PbBr_2$ | $4.0 \times 10^{-5}$ |
| $Co(OH)_2$ | $1.6 \times 10^{-15}$ | $PbI_2$ | $7.1 \times 10^{-9}$ |
| $Co(OH)_3$ | $1.6 \times 10^{-44}$ | $PbCO_3$ | $7.4 \times 10^{-14}$ |
| $CuCl$ | $1.2 \times 10^{-6}$ | $PbCrO_4$ | $2.8 \times 10^{-13}$ |
| $CuBr$ | $5.3 \times 10^{-9}$ | $PbC_2O_4$ | $4.8 \times 10^{-10}$ |
| $CuI$ | $1.1 \times 10^{-12}$ | $PbSO_4$ | $1.6 \times 10^{-8}$ |
| $CuCN$ | $3.2 \times 10^{-20}$ | $PbS$ | $1.0 \times 10^{-28}$ |
| $CuCO_3$ | $2.3 \times 10^{-10}$ | $ZnCO_3$ | $1.4 \times 10^{-11}$ |
| $CuCrO_4$ | $3.6 \times 10^{-6}$ | $ZnC_2O_4$ | $2.7 \times 10^{-5}$ |

## Ⅴ　常见配离子的稳定常数

| 配离子 | $K_{稳}^{\ominus}$ | $\lg K_{稳}^{\ominus}$ | 配离子 | $K_{稳}^{\ominus}$ | $\lg K_{稳}^{\ominus}$ |
|---|---|---|---|---|---|
| $[Ag(NH_3)_2]^+$ | $1.12 \times 10^7$ | 7.05 | $[AgBr_2]^-$ | $2.14 \times 10^7$ | 7.33 |
| $[Ag(S_2O_3)_2]^{3-}$ | $2.88 \times 10^{13}$ | 13.46 | $[AgI_2]^-$ | $5.50 \times 10^{11}$ | 11.74 |
| $[AgCl_2]^-$ | $1.10 \times 10^5$ | 5.04 | $[Cu(NH_3)_4]^{2+}$ | $2.09 \times 10^{13}$ | 13.32 |

续表 V

| 配离子 | $K_\text{稳}^\ominus$ | $\lg K_\text{稳}^\ominus$ | 配离子 | $K_\text{稳}^\ominus$ | $\lg K_\text{稳}^\ominus$ |
|---|---|---|---|---|---|
| $[Co(NH_3)_6]^{2+}$ | $1.29 \times 10^5$ | 5.11 | $[HgI_4]^{2-}$ | $6.76 \times 10^{29}$ | 29.83 |
| $[FeF_6]^{3-}$ | $2.04 \times 10^{14}$ | 14.31 | $[Ni(NH_3)_6]^{2+}$ | $5.50 \times 10^8$ | 8.74 |
| $[Fe(CN)_6]^{3-}$ | $1.0 \times 10^{42}$ | 42 | $[Ni(en)_3]^{2+}$ | $2.14 \times 10^{18}$ | 18.33 |
| $[HgCl_4]^{2-}$ | $1.17 \times 10^{15}$ | 15.07 | $[Fe(SCN)_2]^+$ | 16 | 1.2 |

## Ⅵ　常用电对的标准电极电势

| 电对(氧化态/还原态) | 电极反应(氧化态 $+ ne^-$ = 还原态) | $E^\ominus / V$ |
|---|---|---|
| $Zn^{2+}/Zn$ | $Zn^{2+} + 2e = Zn$ | $-0.7628$ |
| $Fe^{2+}/Fe$ | $Fe^{2+} + 2e = Fe$ | $-0.44$ |
| $Fe^{3+}/Fe$ | $Fe^{3+} + 3e = Fe$ | $-0.036$ |
| $Fe^{3+}/Fe^{2+}$ | $Fe^{3+} + e = Fe^{2+}$ | $0.770$ |
| $Co^{3+}/Co^{2+}$ | $Co^{3+} + e = Co^{2+}$ | $1.84$ |
| $Co^{2+}/Co$ | $Co^{2+} + 2e = Co$ | $-0.28$ |
| $Ni^{2+}/Ni$ | $Ni^{2+} + 2e = Ni$ | $-0.25$ |
| $Pb^{2+}/Pb$ | $Pb^{2+} + 2e = Pb$ | $-0.1263$ |
| $Sn^{2+}/Sn$ | $Sn^{2+} + 2e = Sn$ | $-0.1364$ |
| $Sn^{4+}/Sn^{2+}$ | $Sn^{4+} + 2e = Sn^{2+}$ | $0.15$ |
| $Mn^{3+}/Mn^{2+}$ | $Mn^{3+} + e = Mn^{2+}$ | $1.51$ |
| $Mn^{2+}/Mn$ | $Mn^{2+} + 2e = Mn$ | $-1.18$ |
| $CrO_4^{2-}/Cr(OH)_3$ | $CrO_4^{2-} + 4H_2O + 3e = Cr(OH)_3 + 5OH^-$ | $-0.12$ |
| $Cr_2O_7^{2-}/Cr^{3+}$ | $Cr_2O_7^{2-} + 14H^+ + 6e = 2Cr^{3+} + 7H_2O$ | $1.33$ |
| $MnO_4^-/MnO_4^{2-}$ | $MnO_4^- + e = MnO_4^{2-}$ | $0.564$ |
| $MnO_4^-/MnO_2$ | $MnO_4^- + 2H_2O + 3e = MnO_2 + 4OH^-$ | $0.58$ |
| $MnO_4^-/Mn^{2+}$ | $MnO_4^- + 8H^+ + 5e = Mn^{2+} + 4H_2O$ | $1.491$ |
| $Ag^+/Ag$ | $Ag^+ + e = Ag$ | $0.7996$ |
| $O_2/OH^-$ | $O_2 + 2H_2O + 4e = 4OH^-$ | $0.401$ |
| $O_2/H_2O_2$ | $O_2 + 2H^+ + 2e = H_2O_2$ | $0.682$ |
| $O_2/H_2O$ | $O_2 + 4H^+ + 4e = +2H_2O$ | $1.229$ |

| 电对(氧化态/还原态) | 电极反应(氧化态 + $ne^-$ = 还原态) | $E^\ominus$/V |
|---|---|---|
| $H_2O_2/H_2O$ | $H_2O_2 + 2H^+ + 2e = 2H_2O$ | 1.776 |
| $NO_3^-/HNO_2$ | $NO_3^- + 3H^+ + 2e = HNO_2 + H_2O$ | 0.94 |
| $NO_3^-/NO$ | $NO_3^- + 4H^+ + 3e = NO + 2H_2O$ | 0.96 |
| $HNO_2/NO$ | $HNO_2 + H^+ + e = NO + H_2O$ | 0.99 |
| $I_2/I^-$ | $I_2 + 2e = 2I^-$ | 0.535 |
| $HIO/I^-$ | $HIO + H^+ + 2e = I^- + H_2O$ | 0.99 |
| $IO_3^-/I^-$ | $IO_3^- + 6H^+ + 6e = I^- + 3H_2O$ | 1.085 |
| $IO_3^-/I_2$ | $2IO_3^- + 12H^+ + 10e = I_2 + 6H_2O$ | 1.19 |
| $Br_2/Br^-$ | $Br_2 + 2e = 2Br^-$ | 1.065 |
| $HBrO/Br^-$ | $HBrO + H^+ + 2e = Br^- + H_2O$ | 1.33 |
| $BrO_3^-/Br^-$ | $BrO_3^- + 6H^+ + 6e = Br^- + 3H_2O$ | 1.44 |
| $Cl_2/Cl^-$ | $Cl_2 + 2e = 2Cl^-$ | 1.3583 |
| $ClO_4^-/Cl^-$ | $ClO_4^- + 8H^+ + 8e = Cl^- + 4H_2O$ | 1.37 |
| $ClO_3^-/Cl^-$ | $ClO_3^- + 6H^+ + 6e = Cl^- + 3H_2O$ | 1.45 |
| $HClO/Cl^-$ | $HClO + H^+ + 2e = Cl^- + H_2O$ | 1.49 |
| $HClO/Cl_2$ | $2HClO + 2H^+ + 2e = Cl_2 + 2H_2O$ | 1.63 |
| $F_2/F^-$ | $F_2 + 2e = 2F^-$ | 2.87 |

## Ⅶ　常见阳离子鉴定方法

| 离　子 | 鉴　定　方　法 | 备　注 |
|---|---|---|
| $Na^+$ | 1滴试液加8滴醋酸铀酰锌,用玻璃棒摩擦试管壁,有淡黄色结晶状醋酸铀酰锌钠沉淀出现,示有 $Na^+$ | (1)反应在中性或乙酸酸性溶液中进行<br>(2)大量 $K^+$ 存在,干扰测定,可将试液稀释2~3倍 |
| $Mg^{2+}$ | 取5滴试液,加2滴镁试剂,再加入 NaOH 使溶液呈碱性,溶液颜色由红紫色变为蓝色或产生蓝色沉淀,示有 $Mg^{2+}$ | 镍、钴、镉的氢氧化物与镁试剂作用,干扰镁的鉴定 |

续表Ⅶ

| 离　子 | 鉴　定　方　法 | 备　注 |
|---|---|---|
| $Al^{3+}$ | 取 2 滴试液,加入 2 滴铝试剂,微热,有红色沉淀产生,示有 $Al^{3+}$ | 反应在微碱性条件下进行 |
| $K^+$ | 钴亚硝酸钠 $Na_3[Co(NO_2)_6]$ 与钾盐生成黄色 $K_2Na[Co(NO_2)_6]$ 沉淀,反应可在点滴板上进行 | 强碱可将试剂分解生成 $Co(OH)_3$ 沉淀,强酸促进沉淀溶解 |
| $Ca^{2+}$ | 试液中加入饱和 $(NH_4)_2C_2O_4$ 溶液,如有白色 $CaC_2O_4$ 沉淀生成,示有 $Ca^{2+}$ | 中性或微碱性条件下 $Sr^{2+}$、$Ba^{2+}$ 也有同样现象 |
| $Cr^{3+}$ | (1)取 2 滴试液,加入 4 滴 2mol/L NaOH 溶液和 2 滴 3% $H_2O_2$ 溶液,加热,溶液颜色由绿变黄,示有 $Cr^{3+}$。继续加热至过量 $H_2O_2$ 完全分解,冷却,用 6mol/L HAc 酸化,再加 2 滴 0.1mol/L $Pb(NO_3)_2$ 溶液,生成黄色 $PbCrO_4$ 沉淀<br>(2)得到 $CrO_4^{2-}$ 后赶去过量 $H_2O_2$,$HNO_3$ 酸化,加入数滴乙醚和 3% $H_2O_2$,乙醚层显蓝色 | $Cr_2O_7^{2-} + 4H_2O_2 + 2H^+ \rightarrow 2CrO_5$(蓝色)$+ 5H_2O$ |
| $Mn^{2+}$ | (1)取 1 滴试液,加入数滴 6mol/L $HNO_3$ 溶液,再加入 $NaBiO_3$ 固体,溶液呈紫红色,示有 $Mn^{2+}$<br>(2)取 5 滴试液,加入 0.1mol/L $[Ag(NH_3)_2]^+$,出现暗色沉淀,示有 $Mn^{2+}$ | |
| $Fe^{3+}$ | (1)取 2 滴试液加入 2 滴 $NH_4SCN$ 溶液生成血红色 $[Fe(SCN)_x]^{3-x}$,示有 $Fe^{3+}$<br>(2)取 1 滴试液放在点滴板上,加 1 滴 $K_4[Fe(CN)_6]$ 溶液,有蓝色沉淀出现,示有 $Fe^{3+}$ | |
| $Co^{2+}$ | 取 5 滴试液,加入 0.5mL 丙酮,再加 1mol/L $NH_4SCN$,溶液显蓝色,示有 $Co^{2+}$ | $Fe^{3+}$ 干扰,可先加入 $F^-$ 生成无色 $[FeF_6]^{3-}$ |
| $Ni^{2+}$ | 2 滴试液加入 2 滴丁二酮肟和 1 滴稀氨水,生成红色沉淀,示有 $Ni^{2+}$ | 溶液的 pH 值需控制在 5～10 之间 |
| $Cu^{2+}$ | (1)取 1 滴试液放在点滴板上,加 1 滴 $K_4[Fe(CN)_6]$溶液,有红棕色沉淀出现,示有 $Cu^{2+}$<br>(2)取 5 滴试液,加入过量的 $NH_3 \cdot H_2O$,溶液变为深蓝色,示有 $Cu^{2+}$ | 沉淀不溶于稀酸,但溶于碱 |

| 离　子 | 鉴　定　方　法 | 备　注 |
|---|---|---|
| Zn²⁺ | （1）取 1 滴试液，加入 1 滴双硫腙的四氯化碳溶液，震荡，溶液由绿色变为紫红色，示有 Zn²⁺<br><br>（2）取 3 滴试液，加 2mol/L HAc 酸化，再加入等体积 $(NH_4)_2[Hg(SCN)_4]$ 溶液，摩擦试管壁，有白色沉淀生成，示有 Zn²⁺ | Ni²⁺ 和 Fe³⁺ 与试剂生成淡绿色沉淀；Fe³⁺ 与试剂产生紫色沉淀；Cu²⁺ 形成黄绿色沉淀，少量 Cu²⁺ 存在时，形成铜锌紫色混晶 |
| Ag⁺ | 取 2 滴试液，加 2 滴 2mol/L HCl，若产生沉淀，离心分离，向沉淀中加入 6mol/L NH₃·H₂O 使沉淀溶解，再加 6mol/L HNO₃ 酸化，白色沉淀重新出现，示有 Ag⁺ | |
| Cd²⁺ | 取 2 滴试液加入 Na₂S 溶液，产生黄色 CdS 沉淀，示有 Cd²⁺ | |
| Sn⁴⁺<br>Sn²⁺ | （1）在试液中加入铝丝或铁粉，稍加热，反应 2min，试液中若有 Sn⁴⁺，则被还原为 Sn²⁺，再加 2 滴 6mol/L HCl，按（2）进行鉴定<br><br>（2）取 2 滴 Sn²⁺ 试液，加 1 滴 0.1mol/L HgCl₂ 溶液，首先生成白色 Hg₂Cl₂ 沉淀，继而生成黑色 Hg 沉淀，示有 Sn²⁺ | |
| Sb³⁺ | 取 2 滴试液，加入 0.4g Na₂S₂O₃ 固体，水浴加热，有橙红色沉淀出现，示有 Sb³⁺ | 溶液的酸性过强，会使试剂分解，应控制 pH 值在 6 左右 |
| Ba²⁺ | （1）在试液中加入 0.2mol/L K₂CrO₄ 溶液，生成黄色的 BaCrO₄ 沉淀，示有 Ba²⁺<br><br>（2）在试液中加入 0.1mol/L Na₂SO₄ 溶液，生成白色 BaSO₄ 沉淀，示有 Ba²⁺ | Pb²⁺ 与 K₂CrO₄ 生成黄色的 PbCrO₄ 沉淀 Sr²⁺ 对 Ba²⁺ 的鉴定有干扰，但 SrCrO₄ 溶于乙酸 |
| Hg²⁺ | 取 2 滴试液，加入过量的 SnCl₂ 溶液，首先生成白色 Hg₂Cl₂ 沉淀，过量的 SnCl₂ 将 Hg₂Cl₂ 进一步还原成金属汞 | |
| Pb²⁺ | 取 2 滴试液，加入 2 滴 0.1mol/L K₂CrO₄ 溶液，有黄色 PbCrO₄ 沉淀生成，示有 Pb²⁺ | 沉淀易溶于强碱，不溶于 HAc 和氨水 |

| 离　子 | 鉴　定　方　法 | 备　注 |
|---|---|---|
| $Bi^{3+}$ | (1)$BiCl_3$溶液稀释,可生成白色 $BiOCl$ 沉淀,示有 $Bi^{3+}$<br>(2)取 2 滴试液,加入 2 滴 0.2mol/L $SnCl_2$ 溶液和数滴 2mol/L $NaOH$ 溶液,使溶液显碱性。若有黑色金属 $Bi$ 沉淀生成,示有 $Bi^{3+}$ | |
| $NH_4^+$ | (1)在表面皿上加 5 滴试液,再加 5 滴 6mol/L $NaOH$,立刻把另一凹面贴有湿润红色石蕊试纸或 pH 试纸的表面皿盖上,水浴加热,试纸显碱性,示有 $NH_4^+$<br>(2)取 1 滴试液放在点滴板上,加 2 滴奈斯勒试剂,生成红棕色沉淀,示有 $NH_4^+$ | $NH_4^+$ 含量少时,得到黄色溶液 |

## Ⅷ　常见阴离子鉴定方法

| 离　子 | 鉴　定　方　法 | 备　注 |
|---|---|---|
| $Br^-$ | 取 2 滴试液,加入数滴 $CCl_4$ 溶液,滴加氯水,震荡,有机层显红棕色示有 $Br^-$ | 加氯水过量,生成 $BrCl$,使有机层显淡黄色 |
| $Cl^-$ | 取 2 滴试液,加入 1 滴 2mol/L $HNO_3$ 和 2 滴 0.1mol/L $AgNO_3$ 溶液,生成白色沉淀。沉淀溶于 6mol/L $NH_3 \cdot H_2O$,再用 6mol/L $HNO_3$ 酸化,白色沉淀又出现 | |
| $I^-$ | 取 2 滴试液,加入数滴 $CCl_4$ 溶液,滴加氯水,震荡,有机层显紫色示有 $I^-$ | 过量氯水将 $I_2$ 氧化为 $IO_3^-$,有机层紫色褪去 |
| $S^{2-}$ | 取 1 滴试液放在点滴板上,加 1 滴 $Na_2[Fe(CN)_5NO]$,由于生成 $Na_4[Fe(CN)_5NOS]$,而显紫红色 | 在酸性溶液中,$S^{2-} \rightarrow HS^-$,而不产生红紫色,应加碱液降低酸度 |
| $S_2O_3^{2-}$ | 取 5 滴试液,加入 1mol/LHCl 微热,生成白色或淡黄色沉淀,示有 $S_2O_3^{2-}$ | |
| $SO_4^{2-}$ | 取 3 滴试液,加 6mol/L $HCl$ 酸化,再加入 0.1mol/L $BaCl_2$ 溶液,有白色 $BaSO_4$ 沉淀析出,示有 $SO_4^{2-}$ | |

| 离　子 | 鉴　定　方　法 | 备　注 |
|---|---|---|
| $SO_3^{2-}$ | (1)取 3 滴试液，加入数滴 2mol/L HCl 和 0.1mol/L $BaCl_2$，再滴加 3% $H_2O_2$，生成白色沉淀，示有 $SO_3^{2-}$<br>(2)在点滴板上放 1 滴品红溶液，加 1 滴中性试液，$SO_3^{2-}$ 可使溶液褪色。若试液为酸性，需先用 $NaHCO_3$ 中和；碱性试液可通入 $CO_2$ | $S^{2-}$ 也能使品红褪色 |
| $NO_3^-$ | 取 1 滴试液放在点滴板上，加 $FeSO_4$ 固体和浓硫酸，在 $FeSO_4$ 晶体周围出现棕色环，示有 $NO_3^-$ | |
| $NO_2^-$ | 1 滴试液加几滴 6mol/L HAc，再加 1 滴对氨基苯磺酸和 1 滴 $\alpha$-萘胺，若溶液呈粉红色，示有 $NO_2^-$ | |
| $PO_4^{3-}$ | 取 2 滴试液，加 5 滴浓硝酸，10 滴饱和钼酸铵，有黄色沉淀产生，示有 $PO_4^{3-}$ | |
| $C_2O_4^{2-}$ | 取少量试液，弱碱性条件下，加入 0.1mol/L $CaCl_2$，出现白色沉淀，示有 $C_2O_4^{2-}$ | |
| $CO_3^{2-}$ | 取少量试液，向其中加入适量的稀 HCl 或稀 $H_2SO_4$，有气体产生。将该气体导入饱和 $Ba(OH)_2$ 溶液中，溶液变浑浊，示有 $CO_3^{2-}$ | 必须在酸性介质条件下 |
| $PO_4^{3-}$ | 取少许试液，在中性或弱酸性条件下，加入 $AgNO_3$ 溶液，有黄色沉淀生成，示有 $PO_4^{3-}$ | $CrO_4^{2-}$、$S^{2-}$、$AsO_4^{3-}$、$AsO_3^{3-}$、$I^-$、$S_2O_3^{2-}$ 等离子能与 $Ag^+$ 生成有色沉淀，妨碍鉴定 |
| $SiO_3^{2-}$ | 取少量试液，向其中加入适量饱和 $NH_4Cl$，有白色胶状沉淀产生，示有 $SiO_3^{2-}$ | 需在碱性介质条件下 |

# 参 考 文 献

1  南京大学  大学化学实验教学组编. 大学化学实验. 北京:高等教育出版社,1999
2  刘约权,李贵深主编. 实验化学(上、下册). 北京:高等教育出版社,2000
3  沈君朴主编. 实验无机化学. 天津:天津大学出版社,1992
4  甘孟瑜,郭铭模主编. 工科大学化学实验. 重庆:重庆大学出版社,1996
5  古凤才,肖衍繁主编. 基础实验化学教程. 北京:科学出版社,2000
6  中南矿冶学院分析化学教研室等. 化学分析手册. 北京:科学出版社,1982
7  胡立江,尤宏主编. 工科大学化学实验. 哈尔滨:哈尔滨工业大学出版社,1999
8  武汉大学分析化学教研室. 分析化学实验. 北京:高等教育出版社,2001
9  东北大学无机化学教研室编. 无机化学实验. 沈阳:东北大学出版社,1993
10  王林山,张霞主编. 无机化学实验. 北京:化学工业出版社,2004
11  甘肃师范大学化学系《简明化学手册》编写组. 简明化学手册. 甘肃:甘肃人民出版社,1980
12  王林山,牛盾主编. 大学化学. 北京:冶金工业出版社,2005

# 冶金工业出版社部分图书推荐

| 书　名 | 作　者 | 定价(元) |
|---|---|---|
| 无机化学实验 | 何家洪 | 30.00 |
| 有机化学 | 郑环宇 | 49.00 |
| 基础有机化学实验 | 段永正 | 28.00 |
| 电化学实验 | 李　栋 | 39.00 |
| 物理化学实验 | 朱洪涛 | 22.00 |
| 分析化学 | 熊道陵 | 56.00 |
| 分析化学实验 | 熊道陵 | 39.00 |
| 材料专业实习指导书 | 赖春艳 | 33.00 |
| 先进碳基材料 | 邹建新　丁义超 | 69.00 |
| 无机材料结构与性能表征方法 | 张　霞　王卓鹏 | 46.00 |
| 材料科学与工程实验指导书 | 赖春艳 | 35.00 |
| 化学分析技术（第2版） | 乔仙蓉 | 46.00 |
| 分析化学 | 罗爱民　雷肖艳 | 39.00 |
| 物理化学学习指导 | 王淑兰 | 26.00 |